Delta 并联机器人
——建模、优化及运动控制

程艳明 柳 成 著

科学出版社

北京

内 容 简 介

近年来，Delta 并联机器人凭借其独特优势快速发展，被广泛应用于众多尖端领域。随着应用场景不断拓展，人们对其稳定性、快速性、定位精度及自适应性的要求也日益提高，其运动学建模、轨迹规划及动力学控制也由此成为该领域的重要研究方向。本书围绕 Delta 并联机器人的关键技术，系统探讨了运动学求解、轨迹规划方法、动力学控制及伺服系统控制等内容，并通过样机系统实验验证了理论方法的实用性。全书共 6 章，涵盖绪论、运动学分析、轨迹规划方法与优化、控制系统设计、伺服系统设计及样机系统实验验证。

本书可供机器人和智能制造等领域的科研与技术人员使用，也可供高校院所中机器人工程和智能制造工程等专业的师生参考。

图书在版编目（CIP）数据

Delta 并联机器人：建模、优化及运动控制 / 程艳明，柳成著. -- 北京：科学出版社，2025.3

　　ISBN 978-7-03-074695-5

　　Ⅰ. ①D… Ⅱ. ①程…②柳… Ⅲ. ①工业机器人 Ⅳ. ①TP242.2

中国国家版本馆 CIP 数据核字（2023）第 018623 号

责任编辑：张　庆　韩海童 / 责任校对：何艳萍
责任印制：徐晓晨 / 封面设计：无极书装

科 学 出 版 社 出版
北京东黄城根北街 16 号
邮政编码：100717
http://www.sciencep.com
北京中石油彩色印刷有限责任公司印刷
科学出版社发行　各地新华书店经销
*
2025 年 3 月第 一 版　开本：720×1000　1/16
2025 年 3 月第一次印刷　印张：8 1/2
字数：170 000
定价：98.00 元
（如有印装质量问题，我社负责调换）

前　　言

本书从 Delta 并联机器人研究现状出发，分别在运动学求解、轨迹规划方法、轨迹跟踪控制（动力学控制）、伺服系统设计等方面展开研究，主要集中于开发基于遗传算法优化的误差逆传播算法（back propagation algorithm，BP），以及基于神经网络的 Delta 并联机器人正运动学求解方法，以期缩短正运动学求解时间；开发 4-3-3-4 方法的轨迹规划方法，使运行曲线更光滑，同时降低能耗，并对规划时间进行优化，使时间最优，实现了机器人高速运行；探讨了基于线性自抗扰控制的 Delta 并联机器人动力学控制策略，实现轨迹快速跟踪并有较强的鲁棒性；对三个关节的伺服电动机的电流环、速度环及位置环进行了设计；搭建了实验平台，对轨迹规划方法和轨迹跟踪控制方法进行验证。具体章节内容安排如下。

第 1 章绪论。主要论述 Delta 并联机器人关键技术研究的背景与意义，从运动学求解、动力学建模、轨迹规划、轨迹跟踪四个方面阐述了国内外研究现状，并描述本书的主要研究内容。

第 2 章 Delta 并联机器人运动学分析。从 Delta 并联机器人的机械结构入手，运用几何方法对其正运动学和逆运动学分别求解，验证求解方法准确性；探索将基于遗传算法优化的 BP 神经网络预测算法应用到 Delta 并联机器人正运动学求解中，缩短正运动学求解时间；运用正运动学求解得到的位姿数据绘制 Delta 并联机器人工作空间三维图，保障其高速运动不发生碰撞和无奇异位形。

第 3 章 Delta 并联机器人轨迹规划方法与优化。分析 Delta 并联机器人门字形轨迹的多项式插值方法，验证现有的插值方法 4-3-4、3-5-3 和 4-5-4 并进行轨迹规划仿真分析；探索采用 4-3-3-4 分段多项式插补运动规律，设计 Delta 并联机器人三个关节的角位移运行仿真曲线、角速度仿真曲线和角加速度仿真曲线；采用一种改进的粒子群算法用于优化空间轨迹 4-3-3-4 分段多项式插值，从而得到机器人运动轨迹的最优时间。

第 4 章 Delta 并联机器人控制系统设计。建立 Delta 并联机器人动力学模型，设计比例积分微分（proportional integral derivative，PID）控制的轨迹跟踪方法；探索将线性自抗扰控制策略应用到 Delta 并联机器人轨迹跟踪控制中；在模型已知及模型未知的状态下，对控制系统的稳定性进行理论分析；分别给定输入具有代表性的直线、圆形、8 字形轨迹及多种扰动，运用 PID 控制方法和线性自抗扰控制策略分别进行仿真，以期验证线性自抗扰控制策略的控制效果。

第 5 章 Delta 并联机器人伺服系统设计。设计电流环、速度环及位置环控制的总体原理框图，分析伺服系统三环控制的传递函数，完成电流环、速度环调节器的设计；针对机器人位置的快速跟随要求，把前馈控制应用到位置环控制中；在 Simulink 中搭建系统的仿真图进行仿真。

第 6 章样机系统实验验证。构建 Delta 并联机器人的实验样机系统，对硬件和软件进行设计，实验验证轨迹规划方法和轨迹跟踪控制方法。

由于作者水平有限，书中难免存在不足之处，恳请广大读者批评指正。

程艳明

2024 年 10 月

目　　录

第1章 绪　　论

1.1　背景及意义

并联机器人具有运动速度快、机械机构轻量化、柔性强等优点，与串联机器人形成互补，一直以来受到国内外研究机构的广泛关注（Merlet，2006；蔡自兴，2009）。然而，其实际应用仍面临并联机构设计复杂、运动学求解困难、轨迹规划繁琐及轨迹跟踪控制精度不足等技术瓶颈（陈学生等，2002；Merlet，2006；丛爽等，2010；艾青林等，2012）。

1985 年，瑞士学者 Clavel 发明了 Delta 并联机器人。该类型机器人的末端执行器可在工作空间内实现三维高速平动，这开启了高速并联机器人行业应用时代。与传统并联机器人相比，Delta 并联机器人不仅具有轻量化结构和高承载能力的优点，同时，其高速运动轨迹规划与跟踪控制的简易性还进一步推动了业界研究热潮（Brogardh，2006；Bouri & Clavel，2010；Milutinovic et al.，2012；Brinker et al.，2017）。

近年来，在生产企业中，机器人逐渐承担了部分速度快、强度大、重复性高的工作，极大提高了生产效率。其中，Delta 并联机器人在食品包装、航空航天和医疗等领域优势明显，并朝着高速度、高精度、高灵活性方向发展。国内外各大机器人制造厂商加大研发力度，各具特色的 Delta 并联机器人相继问世。尤其国内制造厂商更是凭借快速研发能力和成本优势迅速抢占市场，进一步提高了 Delta 并联机器人的国产化率。

与大多数控制系统一样，并联机器人控制系统是典型的非线性系统，而 Delta 并联机器人机械结构更加复杂，三个关节之间相互耦合，运动控制比较复杂。目前，Delta 并联机器人的控制由运动学控制和轨迹跟踪控制（动力学控制）构成。

运动学控制通过轨迹规划输出的角度信号直接控制伺服电动机旋转，不考虑机器人关节之间的相互耦合、运动时的向心力、科里奥利力的不确定性和各种扰动，这种控制很容易实现，也能达到控制要求，得到了大多数机器人厂商的推广。运动学控制下的机器人静态精度能够达到±0.1mm，这主要是伺服系统的高精度、各种机械传动的高精度保证了静态精度，但是动态指标就无法验证了，关节抖振是一个常见现象，运动学控制方式主要应用于中低速 Delta 并联机器人中。

轨迹跟踪控制用于高速高精度的机器人。在高速运行中，由于机器人的向心力、科里奥利力的不确定性和各种不确定扰动是模型无法预知的，于是就需要采用好的控制策略，实时进行动态补偿或去除扰动，最终实现动态轨迹跟踪，保证生产线运行质量及机器人安全运行。轨迹跟踪控制下的机器人静态精度能够达到±0.1mm，轨迹跟踪误差在 5mm 以内。

近年来，虽然专家学者在运动学、轨迹规划及动力学控制方面取得了一定成绩，但关于 Delta 并联机器人的建模、优化及运动控制仍需加大研究力度。

基于上述分析，本书聚焦 Delta 并联机器人关键技术，从运动学求解、轨迹规划方法、轨迹跟踪控制（动力学控制）及伺服系统控制等方面展开研究，旨在实现 Delta 并联机器人高速度高精度工件抓取与动态轨迹跟踪控制能力全面提升。

1.2　Delta 并联机器人国内外研究现状

Delta 并联机器人具有结构紧凑、刚度大、拾放操作速度快、重复定位准确度高、承受负载能力强等一系列优点。图 1-1 为 Delta 并联机器人应用领域举例。

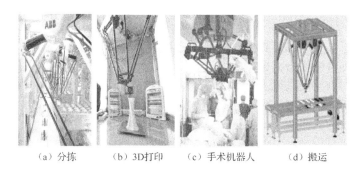

　（a）分拣　　　（b）3D打印　　　（c）手术机器人　　　（d）搬运

图 1-1　Delta 并联机器人应用领域举例

表 1-1 列出了一些 Delta 并联机器人的主要性能。

我国从 20 世纪 90 年代开始进行并联机器人研究，现有燕山大学的黄真团队、天津大学的黄田团队等取得较大研究成果。最近 10 多年来，国内有很多高校和研究机构对并联机器人展开研究，运动学求解、轨迹规划方法、动力学模型、轨迹跟踪控制（动力学控制）等是主要攻关方向。

表 1-1 国内外 Delta 并联机器人性能指标对比

机器人型号	额定载荷/kg	循环时间/s	重复定位精度/mm	工作范围/mm×mm	最大速度/(m/s)	最大加速度/(m/s²)
ABB-IRB360/1	1	0.36	±0.1	1130×250	10	10
ADEPT-s650HS	2	0.42	±0.1	1130×215	10	15
FANUC-M2iA	3	0.43	±0.1	1130×250	10	12
新松 SRBOSOO	3	0.6	±0.1	1100×250	10	12
阿童木 S6	3	0.26	±0.1	1100×370	7	120

Delta 并联机器人现在已具有一定的工作速度和点对点定位精度,速度可达到 10m/s,点对点精度达到±0.1mm。但是,多数机器人控制仅是运动学控制,忽略了机器人的向心力、科里奥利力的不确定性和各种扰动,不考虑动态指标;或者研究者在轨迹跟踪控制方面对模型简化太多,高速过程中的各种不确定因素考虑太少,从而导致轨迹跟踪误差较大,一些高达 5mm,这些问题使机器人工作生产线精度下降。

1.2.1 运动学的研究

Delta 并联机器人的运动学求解决定着机器人位置控制的精度和速度,国内外已经在运动学求解方面取得了大量研究成果(Pierrot et al., 2001; Gregorio, 2004; 张利敏, 2008; Pierrot et al., 2009; Meng and Li, 2013; Jaime et al., 2014; Misyurin et al., 2016)。

Delta 并联机器人的运动学求解包括正运动学求解和逆运动学求解。正运动学求解(又称为求运动学正解)是已知输出三个关节伺服电动机的旋转角度,求解并联机器人运动末端的位置(对应笛卡儿坐标 x、y、z)。并联机器人的正运动学求解决定运动空间、需避开的奇异位置等(陈学生等, 2002; Merlet, 2006; 蔡自兴, 2009; 丛爽和尚伟伟, 2010)。逆运动学求解(又称为求运动学逆解)则是已知末端的位置(对应笛卡儿坐标 x、y、z)作为条件,求解机构输出三个关节伺服电动机的旋转角度。

一般情况下,并联机器人运动学逆解求解较容易,且具有唯一解;而位置正解相对复杂,且不具有唯一解。并联机器人的运动学求解方法有以下几种。

1）矢量法求解

Romdhane（1999）通过使用解析法对并联机构运动学求得正解；Romdhane 等（2002）结合几何法与矢量法对直线类 Delta 机构的正运动学进行求解；赵杰等（2003）利用空间几何学及矢量代数方法对模型进行简化，将 Delta 正运动学简化为三棱锥问题进而求取运动学正解；张利敏（2008）已知机构尺度参数，通过矢量法求得机构关节变量与工作空间变量的位姿、速度和加速度之间的对应关系；Wu 等（2017）采用几何法，对新型的五自由度混合机器人进行了正向运动学求解。以上方法均采用大量运算与条件判断实现了机器人的运动学求解。

2）数值方法求解

在并联机器人运动学求解方面，数值方法发挥了重要作用，如拉格朗日方程法、牛顿迭代法、旋量和影响系数法等成为运动学求解的主要手段。Xu 和 Li（2007）结合牛顿迭代法和螺旋理论，对直线类 Delta 并联机构进行正运动学求解；Choi 等（2010）通过牛顿迭代法求得变异机构的运动学正解。

3）仿真软件平台与智能算法求解

Pisla D 和 Pisla A（2004）通过 Solid-Edge 计算机软件对直线类 Delta 并联机构进行奇异性分析，再集合仿真方法实现运动学求解；基于 Pro/E 与 ADMS 软件，对并联机构求得运动学正解、逆解。Kelaiaia 等（2012）利用遗传算法求解机器人的运动学正解和动力学模型，并验证了 SPEA-Ⅱ算法的应用；Morell 等（2013）采用支持矢量机方法对机器人进行运动学求解。

综合以上三种方法，采用矢量法和数值方法能够求取并联机器人的运动学正解和逆解，但存在求解时间较长和求解存在一定的误差等不足，难以满足高速并联机器人高精度、高速控制的要求。

1.2.2　动力学模型的研究

动力学控制相当复杂，具有多个输入和多个输出，输出之间强耦合，而且非线性。Delta 并联机器人应能满足更高的稳定性、快速性、定位精度、自适应性等性能要求，动力学建模是研究高精度轨迹跟踪的基础。

目前研究动力学建模比较成熟的方法有拉格朗日方程法、牛顿-欧拉法、凯恩方法和虚功原理法四种。

1）拉格朗日方程法

田涛（2013）对并联机器人各个关节的动能与势能进行分析，采用拉格朗日方程法建立关节间的拉格朗日函数，建立其动力学模型。

2）牛顿-欧拉法

王皓和陈根良（2008）通过牛顿-欧拉法获得并联机器人各机构间的动力学方程，最终得到三个关节的微分方程组。

3）凯恩方法

刘小娟（2017）通过凯恩方法获得三平移自由度并联机构的动力学模型，加快了模型的计算速度。

4）虚功原理法

Kim 和 Tsai（2003）在分析正交结构直线类 Delta 动力学的基础之上，采用虚功原理和拉格朗日方程法解耦工作空间作用在三轴上的力。Zhao 等（2005）、Huang Y C 和 Huang Z L（2015）将结构力学引入动力学方程求解，利用虚功原理法获得初步的并联机器人动力学方程。Orsino 等（2015）利用以上方法进行建模，通过模拟仿真进行了定性分析，并采用递推最小二乘法验证了跟踪轨迹。结果表明，最小二乘法实现的跟踪轨迹和给定轨迹具有 80%拟合。此外，Delta 并联机构的逆动力学模型也是采用虚功原理法建立的（李家宇等，2019）。

以上为并联机器人动力学建模的四种方法，但均存在建模需省略一些条件和求解存在一定的误差等不足，面对高速并联机器人高精度、高速控制的要求仍存在很多漏洞与不足。

1.2.3　轨迹规划方法的研究

Delta 并联机器人朝着高速度、高精度、灵活性方向发展，极大地提高了企业生产效率。提高效率就需要并联机器人在相同的时间内抓取物件运行次数更多，轨迹规划的目的是使并联机器人抓取往返时间减少、运行轨迹最佳。常见的轨迹规划方法有多项式插值方法、B 样条曲线方法、Bezier 曲线方法、修正梯形曲线方法、Lamé 曲线方法、多项式插值+pH 曲线方法等。

1）多项式插值方法

李占贤（2004）、张勇等（2010）、梅江平等（2016）、李俊等（2017）、付荣和居鹤华（2011a，2011b）、居鹤华和付荣（2012）分别采用多项式 3-4-5、3-5-3、4-3-4、5-5-5 等方法对点对点抓取和放置操作（pick and place operations，PPO）轨迹进行规划，并分别规划了连续角位移、角速度和角加速度的分段多项式曲线。为了实现机器人高速运行、提高多项式插值方法的工作效率，一些专家学者引入智能控制思想，将改进的遗传算法和改进的粒子群优化算法运用到轨迹时间优化中，取得了一定成效。

2）B 样条曲线方法

宁珍珍等（2008）、宁学涛等（2015）、唐建业等（2017）、张续冲等（2019）、顾寄南和刘守（2019）、王娜（2019）分别采用 3 次、5 次 B 样条和 5 次非均匀有理 B 样条运用到机器人轨迹规划中，并通过实验验证了角位移、角速度和角加速度运动曲线的平滑性，采用了智能算法对轨迹时间进行优化，一定程度上提高了机器人的运行效率。

3）Bezier 曲线方法

周苑（2012）、Wang 等（2015）、孙雷等（2018）验证了角位移、角速度和角加速度运动曲线的平滑性。为了实现机器人高速运行、提升基于 Bezier 曲线的轨迹规划效率，作者采用了智能算法对轨迹时间进行优化，这对实现机器人的高效率运行取得一定的改进效果。

4）修正梯形曲线方法

倪雁冰等（2014）、张好剑等（2017）、段晓斌等（2018）将修正梯形曲线应用到机器人轨迹规划中，并通过实验验证了角位移、角速度和角加速度运动曲线的平滑性。为了实现机器人高速运行、提升基于修正梯形曲线的轨迹规划效率，作者采用了智能算法对轨迹时间进行优化，这对实现机器人的高效率运行有一定的改进效果。

5）Lamé 曲线方法

解则晓等（2015）将 Lamé 曲线应用到机器人轨迹规划中，并通过实验与多项式插值方法进行对比，验证了角位移、角速度和角加速度运动曲线的平滑性，性能优于多项式插值方法。Lamé 曲线方法在一定程度上保证了机器人在运转时无抖振现象。

6）多项式插值+pH 曲线方法

Su 等（2018）、苏婷婷等（2018）将多项式插值+pH 曲线（Bezier 曲线的一种）方法应用到机器人轨迹规划中，在门字形路径中，直线段采用 3-4-5 多项式插值方法，拐点采用 pH 曲线插值方法，最终实现角位移、角速度和角加速度运动曲线的平滑性，性能优于多项式插值方法。

以上为并联机器人运动轨迹规划的部分方法，一些存在能耗高、曲线连接不平滑等问题，一些存在计算复杂、不易实现等问题，因此轨迹规划的方法有待提高及优化。

1.2.4 轨迹跟踪控制策略及方法的研究

轨迹规划是实现并联机器人高速度、高精度运行的前提，控制机器人关节完全按照规划好的角位移运行仿真曲线、角速度仿真曲线、角加速度仿真曲线进行工作是并联机器人控制的核心。本书研究的 Delta 并联机器人的三个关节相互耦合，关节控制具有非线性特性。Delta 并联机器人控制策略一直为该领域中研究的难点，控制策略的好坏直接影响轨迹跟踪的质量和并联机器人的速度与精度。

1）PID 控制

经典 PID 控制具有良好的鲁棒性和可靠性且易于实现，在单输入、单输出应用场合占据着重要地位。Delta 并联机器人的三个关节相互耦合，关节控制具有非线性特性，经典 PID 控制难以保证高精度、高速轨迹跟踪且鲁棒性较差，因而国内外学者致力于研究改进的 PID 控制方法。

Su 等（2006）、王有起和黄田（2008）、Zhao 等（2015）、Thakar 等（2017）、Lu 等（2017）从机器人关节或关节驱动伺服系统入手，采用比例微分（proportion differentiation，PD）控制、PD+速度前馈、PD+位置前馈、PID 参数非线性组合、在线优化 PID 参数、模糊自整定 PID 等控制器及各种动力学补偿控制器，使机器人关节能够跟踪给定轨迹曲线。

2）计算力矩控制

计算力矩控制方法简化了各关节动力学模型，并可以进行解耦控制，使每一个关节可以进行线性化控制。Pierrot 等（2009）、Rachedi 等（2014a, 2014b, 2012）、黄海忠（2013）、郭晓彬（2015）基于计算力矩控制方法实现机器人的动力学控制，较好地实现了轨迹跟踪控制。他们为了提高系统的跟踪性能，通常会预测力矩或对计算力矩进行各种改进和补偿，以及对系统进行鲁棒性分析。

3）滑模变结构控制

在非线性控制系统中，滑模变结构控制策略颇受研究者的青睐，但其本身仍存在着抖振和易受到干扰的问题。高国琴等（2012, 2004）、毕可义（2006）采用具有自适应能力的新型变结构控制器与滑模控制算法相结合的方法，较好地解决了传统滑模控制的抖振问题，且鲁棒性较强。

4）智能控制方法

自 20 世纪 60 年代人工智能控制技术思想问世以来，越来越多的控制系统加入人工智能算法，在机器人轨迹跟踪控制中，人工智能控制技术也被广泛应用。专家学者把各种神经网络、预测控制、模糊算法、专家系统等技术应用到机器人轨迹跟踪控制中，取得良好效果；把人工智能方法与 PID 控制、计算力矩控制和滑模变结构控制相结合，改善了控制器的性能，如 Lu 等（2017）、樊雍超等（2015）、高国琴等（2004）、Mirza 等（2017）、刘金琨（2011）所研究的成果。

　　以上为并联机器人运动轨迹跟踪的一些控制方法，但都过多地依赖模型，存在计算复杂的问题，不易实现，不能满足高速并联机器人高精度、高速控制的要求。

第 2 章　Delta 并联机器人运动学分析

本章通过分析 Delta 并联机器人动平台、静平台、主动臂、从动臂的结构，找出运动规律。运动学分析是机械机构设计的基础，也是轨迹规划、提高工作效率的基础，同时也是后续动力学分析及模型简化、实现高速轨迹跟踪的前提。Delta 并联机器人逆运动学求解简单，运动学正解求解困难且存在多解。本章从几何学方面分析正、逆运动学求解方法，验证两种求解方法的正确性；针对几何法正运动学求解方法的局限性，把 BP 神经网络应用到 Delta 并联机器人正运动学求解中，取得了良好效果；为了提高运算效率及精度，采用一种改进的遗传算法（genetic algorithm，GA）进行优化，降低了误差，并验证了基于遗传算法优化的 BP 神经网络求解方法的快速性；运用基于遗传算法优化的 BP 神经网络求得运动学正解，并分析 Delta 并联机器人的工作空间。

2.1　Delta 并联机器人结构

本书研究的三自由度 Delta 并联机器人的机构简图如图 2-1 所示。Delta 并联机器人由动平台（$\triangle B_1 B_2 B_3$）、静平台（$\triangle A_1 A_2 A_3$）、三个主动臂 $A_i C_i$（伺服驱动

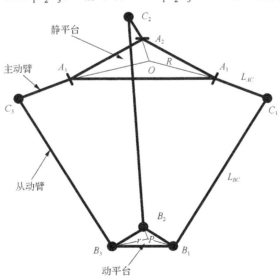

图 2-1　三自由度 Delta 并联机器人的机构简图

实现转动）及三个从动臂 C_iB_i（带动静平台平动）组成。A_i 为旋转关节，B_i、C_i 为球关节，其中，$i = 1, 2, 3$。O 为静平台的中心，P 为动平台的中心。R 为静平台的外接圆半径，r 为动平台的外接圆半径，$\triangle A_1A_2A_3$ 和 $\triangle B_1B_2B_3$ 均为正三角形。

2.1.1 建立坐标系

如图 2-2 所示，图 2-2（a）为 Delta 并联机器人的三维图，在其上建立立体坐标系，图 2-2（b）是在 XOZ 平面上单独对一根连杆进行的分析建模。机器人系统的机构参数如下：R 为主动臂中心点与坐标系中心点的距离，L_1 为主动臂长度，L_2 为从动臂长度，r 为动平台的中心点与从动臂末端中心点的距离，θ 为主动臂与 X 轴的夹角，L_2' 是从动臂在主动臂截面上的投影，与动平台的 Y 轴垂直。下面利用并联机构的几何关系进行求解。

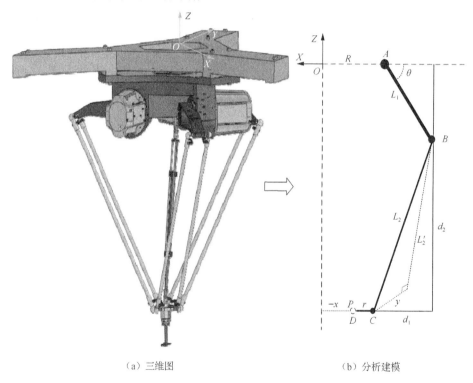

（a）三维图　　　　　　　　　　（b）分析建模

图 2-2　Delta 并联机器人坐标系建立

2.1.2 逆运动学分析

从图 2-2 中可以看出，可以利用并联机构末端位置进行几何建模求解，对从动臂长度 L_2 有

$$d_1^2 + d_2^2 = L_2^2 \tag{2-1}$$

同时，将从动臂投影到主动臂截面上形成长度 L_2'，使 L_2、y、L_2' 形成直角三角形，在坐标系的 Y 轴方向有

$$L_2'^2 + y^2 = L_2^2 \tag{2-2}$$

同样在 X 轴方向上，有几何关系：

$$|OA| + L_1 \cos\theta_1 = -x + |DC| + d_1 \tag{2-3}$$

由式（2-1）～式（2-3），可以求取 d_1 为

$$d_1 = T + L_1 \cos\theta_1 \tag{2-4}$$

式中，$T = |OA| + x - |DC|$。

在坐标系的 Z 轴方向，有几何关系：

$$d_2 = z + L_1 \sin\theta_1 \tag{2-5}$$

将式（2-2）、式（2-4）、式（2-5）代入式（2-1）中，化简得

$$2TL_1 \cos\theta_1 + 2zL_1 \sin\theta_1 = K \tag{2-6}$$

式中，$K = L_1^2 - L_2^2 - x_0^2 - z^2 - T^2$。

利用几何关系可得式（2-7），对式（2-6）进行求解，可得到自变量为 t 的二次方程，见式（2-8）。

$$\begin{cases} \cos\theta_1 = \dfrac{1-t^2}{1+t^2} \\[2mm] \sin\theta_1 = \dfrac{2t}{1+t^2} \\[2mm] t = \tan\dfrac{\theta_1}{2} \end{cases} \tag{2-7}$$

$$e_1 t^2 + e_2 t + e_3 = 0 \tag{2-8}$$

式中，$e_1 = 2TL_1 + K$；$e_2 = -4zL_1$；$e_3 = -2TL_1 + K$。

对二次方程（2-8）进行求解，可以得到 θ_1 的表达式为

$$\theta_1 = 2\arctan\left(\dfrac{-e_2 \pm \sqrt{e_2^2 - 4e_1 e_3}}{2e_1} \right) \tag{2-9}$$

式中，可以解得 $\theta_1 = f(x, y, z)$，即求取了第一个主动臂的关节角度。

根据以上公式，当已知 Delta 并联机器人动平台的末端点位置笛卡儿坐标 (x, y, z) 时，即可以求出机器人三个关节伺服电动机的角度 $(\theta_1, \theta_2, \theta_3)$。由于每个方程有两个解，Delta 并联机器人在运行过程中会受到运动转角的限制，所以并非所有的解都满足要求，结合实际情况判断"±"中的值，即可求得 Delta 并联机器人运动学的逆解。

2.1.3 正运动学分析

Delta 并联机器人正运动学求解是已知三个主动臂的角度 θ_i 来求取末端移动平台的三维空间坐标 $P = (x, y, z)$。对于在 XOZ 平面上的一组连杆而言，其主动臂连杆末端点 B 的三维空间坐标矩阵可表示为

$$B_i = \begin{bmatrix} R + L_1 \cos\theta_i & 0 & L_1 \sin\theta_i \end{bmatrix}^{\mathrm{T}} \tag{2-10}$$

对于其他两组连杆，可以采用同样的方法进行求解 B_i，只需要 B_i 乘以旋转变换矩阵 R，其形式为

$$R = \begin{bmatrix} \cos\alpha & -\sin\alpha & 0 \\ \sin\alpha & \cos\alpha & 0 \\ 0 & 0 & 1 \end{bmatrix} \tag{2-11}$$

假设三个主动臂在固定基座上的安装角度分别为 α_1、α_2 和 α_3。将三组连杆表达式分别写为

$$\begin{cases} \left(x - \cos\alpha_1 \left(R - r + L_1 \cos\theta_1\right)\right)^2 + \left(y - \sin\alpha_1 \left(R - r + L_1 \cos\theta_1\right)\right)^2 + \left(z - L_1 \sin\theta_1\right)^2 = L_2^2 \\ \left(x - \cos\alpha_2 \left(R - r + L_1 \cos\theta_2\right)\right)^2 + \left(y - \sin\alpha_2 \left(R - r + L_1 \cos\theta_2\right)\right)^2 + \left(z - L_1 \sin\theta_2\right)^2 = L_2^2 \\ \left(x - \cos\alpha_3 \left(R - r + L_1 \cos\theta_3\right)\right)^2 + \left(y - \sin\alpha_3 \left(R - r + L_1 \cos\theta_3\right)\right)^2 + \left(z - L_1 \sin\theta_3\right)^2 = L_2^2 \end{cases}$$

$$\tag{2-12}$$

对 3 组连杆而言，其主动臂在固定基座上的安装角度分别为 $\alpha_1 = 0$，$\alpha_2 = \dfrac{2\pi}{3}$，

$\alpha_3 = \dfrac{4\pi}{3}$，重新计算式（2-12），并化简得

$$\begin{cases} (x + k_{11})^2 + (y + k_{12})^2 + (z + k_{13})^2 = L_2^2 \\ (x + k_{21})^2 + (y + k_{22})^2 + (z + k_{23})^2 = L_2^2 \\ (x + k_{31})^2 + (y + k_{32})^2 + (z + k_{33})^2 = L_2^2 \end{cases} \tag{2-13}$$

式中，$k_{11} = -(R - r) + L_1 \cos\theta_1$；$k_{12} = 0$；$k_{13} = -L_1 \sin\theta_1$；$k_{21} = \dfrac{1}{2}\left(R - r + L_1 \cos\theta_2\right)$；

$$k_{22} = -\frac{\sqrt{3}}{2}\left(R - r + L_1 \cos\theta_2\right) \quad ; \quad k_{23} = -L_1 \sin\theta_2 \quad ; \quad k_{31} = \frac{1}{2}\left(R - r + L_1 \cos\theta_3\right) \quad ;$$

$$k_{32} = \frac{\sqrt{3}}{2}\left(R - r + L_1 \cos\theta_3\right) ; \quad k_{33} = -L_1 \sin\theta_3 \, 。$$

将式（2-13）中第一式分别减去第二式和第三式，再将得到的两式进行合并分解后

$$\begin{cases} a_1 x + b_1 y + c_1 z = d_1 \\ a_2 x + b_2 y + c_2 z = d_2 \end{cases} \tag{2-14}$$

式中，$a_1 = 2(k_{11} - k_{21})$ ；$b_1 = 2(k_{12} - k_{22})$ ；$c_1 = 2(k_{13} - k_{23})$ ；$a_2 = 2(k_{11} - k_{31})$ ；$b_2 = 2(k_{12} - k_{32})$ ；$c_2 = 2(k_{13} - k_{33})$ ；$d_1 = \left(k_{21}^2 + k_{22}^2 + k_{23}^2\right) - \left(k_{11}^2 + k_{12}^2 + k_{13}^2\right)$ ；$d_2 = \left(k_{31}^2 + k_{32}^2 + k_{33}^2\right) - \left(k_{11}^2 + k_{12}^2 + k_{13}^2\right)$ 。

设 $\Delta = a_1 b_2 - a_2 b_1$ ，且 $\Delta \neq 0$ 。将式（2-14）写成矩阵形式有

$$\begin{bmatrix} a_1 & b_1 \\ a_2 & b_2 \end{bmatrix} \begin{bmatrix} x \\ y \end{bmatrix} = \begin{bmatrix} d_1 - c_1 z \\ d_2 - c_2 z \end{bmatrix} \tag{2-15}$$

求解式（2-15），得到 x 和 y 关于 Δ 的表达式为

$$\begin{cases} x = f_1 + f_x z \\ y = f_2 + f_y z \end{cases} \tag{2-16}$$

式中，$f_1 = \dfrac{b_2 d_1 - b_1 d_2}{\Delta}$ ；$f_2 = \dfrac{b_1 c_2 - b_2 c_1}{\Delta}$ ；$f_x = \dfrac{b_1 c_2 - b_2 c_1}{\Delta}$ ；$f_y = \dfrac{a_2 c_1 - a_1 c_2}{\Delta}$ 。

再将式（2-15）代入式（2-13）中的第三式，从而得到只关于变量 z 的方程为

$$\left(1 + f_x^2 + f_y^2\right) z^2 + 2\left(\left(f_x f_1 + f_y k_{31}\right) + \left(f_x f_2 + f_y k_{32}\right) + k_{33}\right) z + f_{11}^2 + f_{22}^2 + k_{33}^2 - L_2^2 = 0$$

式中，$f_{11} = f_1 + k_{31}$ ；$f_{22} = f_2 + k_{32}$ 。

令

$$\begin{cases} A = 1 + f_x^2 + f_y^2 \\ B = 2\left(\left(f_x f_1 + f_x k_{31}\right) + \left(f_x f_2 + f_x k_{32}\right) + k_{33}\right) \\ C = f_{11}^2 + f_{22}^2 + k_{33}^2 - L_2^2 \end{cases} \tag{2-17}$$

利用一元二次方程的求根公式，得到末端移动平台坐标 z ，即

$$z = \frac{-B \pm \sqrt{B^2 - 4AC}}{2A} \tag{2-18}$$

式中，z 有两个可能解，这是由于在主动臂旋转角度固定的情况下，从动臂有两

种可能的情况（向上或者向下），即 z 有一个正解或一个负解，需根据实际情况进行运动判断，最终求得 z 的唯一解。将求出的 z 代入式（2-17）中即可求出动平台的三维空间坐标 (x, y, z)。

2.1.4 正运动学、逆运动学求解数据分析

本节需验证上述 Delta 并联机器人的正运动学、逆运动学求解方法的正确性，验证采用的 Delta 并联机器人的机构数据如表 2-1 所示。

表 2-1 Delta 并联机器人的机构数据

序号	名称	符号	数量/mm
1	主动臂长度	L_1	400
2	从动臂长度	L_2	1000
3	主动臂中心点与坐标系中心点的距离	R	205
4	动平台中心点与从动臂末端距离	r	50

运动学求解方法验证在 MATLAB 中进行运算，当正运动学求解时，输入三个主动臂的角度 θ_1、θ_2、θ_3，求得末端中心点的位姿数据，如表 2-2 所示，表中共求解了 12 组数据，数据分布在 $(x+, y+, z+)$、$(x+, y-, z+)$、$(x-, y+, z+)$、$(z-, y-, z+)$ 四个区域中。

表 2-2 正运动学分析（输入角度、输出位姿）

序号	输入角度/(°)			输出位姿/mm		
	θ_1（关节 1）	θ_2（关节 2）	θ_3（关节 3）	x	y	z
1	20	10	60	151.864815	400.712976	970.941642
2	-25	10	60	439.863401	361.752132	759.986798
3	-35	-30	-25	34.634020	20.157323	664.362282
4	-20	-25	-30	-37.608664	-21.561937	685.602471
5	80	80	0	-331.837649	-574.759665	994.077301
6	65	10	5	-521.819642	-31.926579	894.960717
7	60	-50	40	-461.729420	489.991959	651.141082
8	-10	-40	5	-39.729863	221.078125	708.108829
9	60	-30	5	-551.264783	192.660897	722.662631
10	-40	60	20	545.189007	-288.376610	696.730495
11	30	60	20	108.766425	-336.486568	1055.925047
12	10	40	20	173.431296	-157.135970	982.867280

表 2-2 中是运用正运动学求解方法得到的数据。为了验证正运动学、逆运动学两种求解方法的正确性，把表 2-2 中求得的末端中心点位姿的坐标 (x, y, z) 作为逆运动学求解的输入，求得三个主动臂的角度 θ_1、θ_2、θ_3，数据如表 2-3 所示。当把正运动学求解得到的含小数点后 6 位的数据作为逆运动学的输入时，经过对比，逆运动学求解得到的主动臂角度与正运动学已知的主动臂角度完全一样；当把末端中心点位姿的坐标 (x, y, z)（含小数点后 1 位）作为逆运动学的输入时，求解得到三个主动臂的角度 θ_1、θ_2、θ_3 与正运动学的已知主动臂角度基本一样。通过表 2-2、表 2-3 数据比较验证了运动学求解的正确性。

表 2-3　逆运动学分析（输入位姿、输出角度）

序号	输入位姿/mm			输出角度/(°)		
	x	y	z	θ_1（关节 1）	θ_2（关节 2）	θ_3（关节 3）
1	151.864815	400.712976	970.941642	20	10	60
	151.9	400.7	970.9	19.991674	9.996699	59.996571
2	439.863401	361.752132	759.986798	−25	10	60
	439.9	361.8	760.0			
3	34.634020	20.157323	664.362282	−35	−30	−25
	34.6	20.2	664.4	−34.984986	−29.998497	−24.988628
4	−37.608664	−21.561937	685.602471	−20	−25	−30
	−37.6	−21.6	685.6	−20.001520	−24.995443	−30.004297
5	−331.837649	−574.759665	994.077301	80	80	0
	−331.8	−574.8	994.1	80.003485	80.007992	0.003504
6	−521.819642	−31.926579	894.960717	65	10	5
	−521.8	−31.9	895.0	65.000499	10.002325	5.006652
7	−461.729420	489.991959	651.141082	60	−50	40
	−461.7	490.0	651.1	59.994567	−50.008181	39.996863
8	−39.729863	221.078125	708.108829	−10	−40	5
	−39.7	221.1	708.1	−10.004233	−40.001664	5.003212
9	−551.264783	192.660897	722.662631	60	−30	5
	−551.3	192.7	722.7	60.007878	−29.993371	5.012197
10	545.189007	−288.376610	696.730495	−40	60	20
	545.2	−288.4	696.7	−40.003911	60.001716	19.997564
11	108.766425	−336.486568	1055.925047	30	60	20
	108.8	−336.5	1055.9	29.995401	60.000073	19.998201

序号	输入位姿/mm			输出角度/(°)		
	x	y	z	θ_1（关节 1）	θ_2（关节 2）	θ_3（关节 3）
12	173.431296	−157.135970	982.867280	10	40	20
	173.4	−157.1	982.9	10.005343	39.998716	20.003707

2.2　基于 BP 神经网络的正运动学分析

2.1 节使用几何法求解 Delta 并联机器人的正运动学，求得该 Delta 并联机器人存在两组解。但这种方法求正运动学正解时存在两点不足：一是，三个关节之间的耦合使正运动学求解过程非常复杂；二是，由于动平台末端空间位置对应多组关节伺服角度，其中只有一组是正确的，其他的是奇异性造成的，所以为求得唯一的优化解，需要根据运算结果进行判断选取，大大影响运算效率。因此，本章提出使用 BP 神经网络对 Delta 并联机器人运动学进行求解的可行性，从而避免几何法求解运动学正解的不足，实现运算速度的提高，满足系统实时性的需求。

2.2.1　BP 神经网络设计

Delta 并联机器人正运动学求解实质就是由主动臂旋转角度的 3 个变量去求解动平台末端中心点的坐标，这一过程可以使用神经网络的准确预测来实现。神经网络具有非线性特征，能够很好地逼近任意复杂的非线性系统，能够处理多输入多输出系统，非常适合于多变量系统。

本章采用的 BP 神经网络是目前应用最多的多层前馈神经网络，其训练算法是根据误差进行反向传播的。图 2-3 为典型的三层 BP 神经网络结构。

本章依据三自由度 Delta 并联机器人设计了一个三层 BP 神经网络模型来解决并联机器人运动学的求解问题，网络包括输入层、隐含层和输出层，隐含层采用单层结构。神经网络的输入是机械臂末端执行器的空间位姿，即 $_n^0T$，考虑到 $_n^0T$ 中有 3 个常量，初始设定输入层有 3 个神经元节点，每个节点对应 Delta 并联机器人关节的伺服输入角度，这 3 个伺服输入角度构成输入矢量 x，即

$$x = \begin{bmatrix} \theta_1 & \theta_2 & \theta_3 \end{bmatrix} \tag{2-19}$$

神经网络的输出是动平台末端空间笛卡儿坐标的输出，构成输出矢量 y，即

$$y = \begin{bmatrix} P_x & P_y & P_z \end{bmatrix} \tag{2-20}$$

式中，P_x、P_y 和 P_z 分别是机械手末端执行器的空间位置坐标。

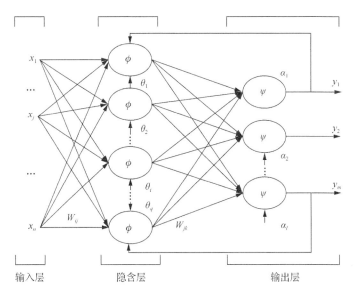

输入层　　　　　隐含层　　　　　　　输出层

图 2-3　典型的三层 BP 神经网络结构

BP 神经网络中，每次循环训练过程产生的权值变化由学习速率决定，为保证系统稳定，在 0.01～0.8 选取较小的学习速率值。选取 tansig 函数作为隐含层的传递函数，由于整个网络的输出为任意值，所以选取 purelin 函数作为输出层的传递函数。

2.2.2　改进的神经网络算法

普通的 BP 神经网络具有训练收敛速度慢的缺点，一般情况下，BP 神经网络的各参数诸如初始权值的大小、学习率的范围、动量因子的选择都会影响其预测精度。为得到优异的训练结果，常常选择高强度的训练，但训练结果容易产生"过拟合"现象，且训练结果不理想，甚至不收敛。这样也会导致训练误差较大，以至于不能满足较高的预测精度要求。鉴于此，本书采用遗传算法对 BP 神经网络进行优化。

基于遗传算法优化的 BP 神经网络的方法是将 BP 神经网络初始权值和阈值作为遗传算法的个体，而把该个体初始化的 BP 神经网络的预测误差作为个体的适应度值，再通过选择操作、交叉操作和编译操作这三个过程反复迭代操作找出最优个体，即 BP 神经网络的最优初始权值和阈值。基于遗传算法优化的 BP 神经网络主要包括神经网络结构的确定、遗传算法的优化训练和 BP 神经网络的预测。图 2-4 描述了基于遗传算法优化的 BP 神经网络的流程图。

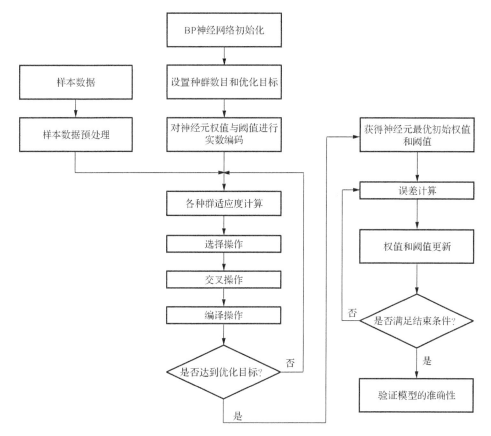

图 2-4　基于遗传算法优化的 BP 神经网络流程图

2.2.3　仿真与结果分析

本章对机器人手臂进行的建模和仿真是在 MATLAB 环境下完成的。

1. 仿真设计

通过编程建立了三自由度机械手的模型，并根据机械手的结构确定了关节变量的取值范围，如表 2-4 所示。

表 2-4　伺服电动机转角范围

伺服电动机转角 θ_i	范围/rad
θ_1	$-\dfrac{2}{9}\pi \sim \dfrac{4}{9}\pi$
θ_2	$-\dfrac{2}{9}\pi \sim \dfrac{4}{9}\pi$

续表

伺服电动机转角 θ_i	范围/rad
θ_3	$-\dfrac{2}{9}\pi \sim \dfrac{4}{9}\pi$

2. 样本选取

为了提高训练和预测精度,把 3 台伺服电动机的旋转角度组成阵列,选取 7000 组完全不重合角度,使对应的输出笛卡儿坐标均匀分布在$(x+, y+, z+)$、$(x+, y-, z+)$、$(x-, y+, z+)$、$(z-, y-, z+)$四个区域,且需体现四个区域的极值。分别在 4 个区域抽取 1500 无重复组作为输入训练数据,剩下的 5500 组在 4 个区域随机抽取 667 组作为输入测试数据。采用基于列文伯格-马夸特(Levenberg-Marquardt,LM)算法的 BP 神经网络进行训练。训练和测试是通过反复试探设置大量隐含层和相应数目的神经元来进行的,训练结果表明,在 BP 神经网络与 LM 算法相结合的情况下,三层结构[7　5　4]能取得较好的效果。测试误差如图 2-5 所示。

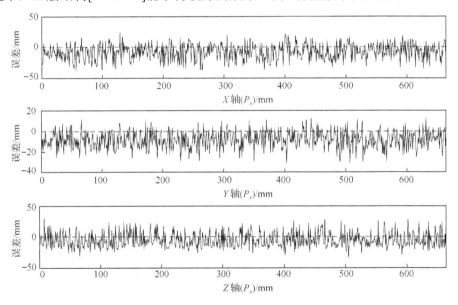

图 2-5　BP 神经网络的测试误差

由图 2-5 可知,Delta 并联机器人运动学求解误差在±50mm,而本书的设计精度要求达到±0.1mm。为了提高预测精度,本书提出利用遗传算法提高 BP 神经网络的预测性能,以减少预测误差,满足高精度的控制要求。基于遗传算法优化的 BP 神经网络的主要参数如下:输入层数为 3 个神经元,即 3 个伺服的输入角度;输出层数为 3 个神经元,即末端的笛卡儿坐标值;一个包含 95 个神经元的隐含层,迭代数为 3。种群大小设定为 30，杂交概率取值为 0.3，变异概率取值为 0.1。利用遗传算法改进的 BP 神经网络对上面 4 个区域均匀分布、不重复的 6000 组进行训练。完成训练后，把上面预留数据中抽取的 667 组数据的角度输入作为测试数据进行测试，把测试结果与 667 组预留的坐标数据进行对比。图 2-6 绘制了 667 组目标测试数据和 667 组模拟输出数据的三维分布特征图，表示了移动平台端点的预测坐标点。Delta 并联机器人系统的目标坐标与 Delta 并联机器人系统移动平台端点的目标坐标完全吻合，预测误差如图 2-7 所示。

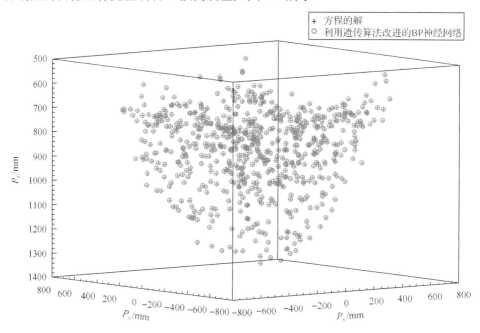

图 2-6　预测坐标和目标坐标的三维分布特征图

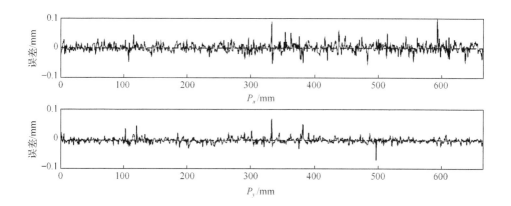

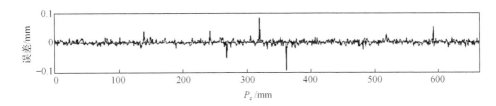

图 2-7　基于遗传算法的 BP 神经网络预测误差精度的提高

图 2-7 中预测误差均在±0.1mm 内，根据所预测的坐标，Delta 并联机器人系统的移动平台端点可以达到 100%的精确定位。如果误差为±0.05mm，Delta 并联机器人的移动平台端点预测的坐标可达到 97.75%的精确定位。因此，基于遗传算法优化的 BP 神经网络预测模型能够满足 Delta 并联机器人系统的高精度控制要求。

3. 运行时间对比

为了对比几何正运动学求解方法与基于遗传算法优化的 BP 神经网络正运动学求解方法的运行时间，取出上面测试的 667 个样本，在 MATLAB 中运用两种方法分别求解正运动学，并计算其运行时间。采用几何法求解方法求解 667 组数据的时间为 1.267865s；采用遗传算法优化的 BP 神经网络正运动学求解方法求解 667 组数据的时间为 0.472167s。通过对比可知，采用遗传算法优化的 BP 神经网络正运动学求解方法的运行时间明显优于几何法求解方法。

通过上面的论述，采用遗传算法优化的 BP 神经网络正运动学求解方法，不仅能够保证求解的精度，而且能够大幅提高求解的计算时间，为后续轨迹规划的优化提供了快速正运动学求解的时间保障。

2.3　运动空间分析

和串联机器人相比，并联机器人具有响应快、累计误差小、承载能力强等优点，然而这些优点都是以牺牲其工作空间为代价的。Delta 并联机器人工作空间是在机器人工作时不发生碰撞和无奇异位形的前提下，机器人的动平台末端能够到达的所有空间位置的集合。因此，Delta 并联机器人工作空间是衡量机器人工作性能的一个重要指标。机器人工作空间为机器人轨迹规划提供了先决条件，决定了轨迹规划的工作范围。

2.3.1　位姿分析

由遗传算法优化的 BP 神经网络正运动学求解方法可得，输入 3 个臂的角度，可以求得动平台末端中心点对应的位置，现输入部分角度，可求得机器人的位姿如表 2-5～表 2-8 所示。

表 2-5　对应输入输出数据($x+$, $y+$)

序号	关节输入角度/rad			动平台末端坐标/mm		
	θ_1	θ_2	θ_3	x	y	z
1	0.3490659	0.1745329	1.0471976	151.864815	400.712976	970.941642
2	0.3839724	0.1745329	1.0471976	135.667291	401.37339	978.479158
3	0.418879	0.1745329	1.0471976	119.181455	401.915176	985.782307
4	0.4537856	0.1745329	1.0471976	102.408954	402.33478	992.840461
5	0.4886922	0.1745329	1.0471976	85.351718	402.628622	999.64283
6	0.5235988	0.1745329	1.0471976	68.011958	402.793103	1006.17846

表 2-6　对应输入输出数据($x-$, $y-$)

序号	关节输入角度/rad			动平台末端坐标/mm		
	θ_1	θ_2	θ_3	x	y	z
1	−0.3490658	−0.3490658	−0.5235987	−25.57082	−44.28996	692.893196
2	−0.3490658	−0.2617993	−0.5235987	−12.852075	−68.170142	699.679524
3	−0.3490658	−0.1745329	−0.5235987	−0.548184	−93.186922	705.846969
4	−0.3490658	−0.4363323	−0.5235987	−37.608664	−21.561937	685.602471
5	1.2217304	1.2217304	0.1745329	−264.44903	−458.039155	1069.25875
6	1.0471975	1.0471975	0.1745329	−223.56616	−387.227949	1064.2651

表 2-7　对应输入输出数据($x-$, $y+$)

序号	关节输入角度/rad			动平台末端坐标/mm		
	θ_1	θ_2	θ_3	x	y	z
1	1.0471975	−0.8726646	0.6981317	−461.72942	489.991959	651.141082
2	1.0471975	−0.8726646	0.7853981	−440.493957	523.669777	651.302484
3	1.0471975	−0.8726646	0.5235987	−498.669289	425.046443	467.38236
4	0.8726646	−0.6981317	0.7853981	−338.07001	506.630447	731.32715
5	0.8726646	−0.6981317	0.9599310	−286.884253	579.896075	724.89182
6	0.8726646	−0.6981317	0.52359877	−400.812009	401.443621	728.309498

表 2-8　对应输入输出数据($x+$, $y-$)

序号	关节输入角度/rad			动平台末端坐标/mm		
	θ_1	θ_2	θ_3	x	y	z
1	−0.6981317	1.04719755	0.3490658	545.189007	−288.37661	696.730495
2	−0.5235987	1.04719755	0.3490658	504.773235	−299.421812	754.114914
3	−0.3490658	1.04719755	0.3490658	457.487459	−309.603578	811.221263
4	−0.1745329	1.04719755	0.3490658	402.943693	−318.621924	867.114315
5	0	1.04719755	0.3490658	340.861367	−326.157292	920.742128
6	0.1745329	1.04719755	0.3490658	271.095211	−331.875275	970.94162

2.3.2　工作空间影响因素

Delta 并联机器人的工作空间取决于并联机构中的定长度,即主动臂长度和传动臂长度,当长度确定时,机器人的工作空间就已经确定。在运动过程中,机器人运动学求解时,未对奇异位形进行约束,机器人处于奇异形位时,机器人也能到达一些特定空间,但机器人的三条从动杆会出现碰撞,导致机器人损坏,因此求解时必须对奇异位形进行约束。本书研究的基于遗传算法优化的 BP 神经网络的运动学求解方法,就避免了约束的因素,因为训练样本都是经过约束的,处在非奇异位,故运动学求解输出避免了判断,提高了运行时间及避免了运行过程中的不定因素。

2.3.3　基于 MATLAB 的 Delta 并联机器人工作空间仿真

将每一个变量的区间划分成 50 等份,每个变量有 50+1=51 个数值,三个变量可产生 51^3=132651 个不同的位姿。然后利用基于遗传算法优化的 BP 神经网络的 Delta 并联机器人正运动学求解方法进行求解,借助 MATLAB 编程,将这些位姿转成三维空间上一系列的离散点。Delta 并联机器人的工作空间如图 2-8~图 2-11 所示。

从图 2-8~图 2-11 中可以清晰地看到机器人动平台末端中心点的运动空间呈椭球形,工作范围有一定的死区,机器人轨迹规划时,需考虑机器人的工作空间。如需改变机器人动平台末端中心点的运动空间死区的尺寸,只需合理改变主动臂、从动臂的长度,即可以改变机器人的工作范围。

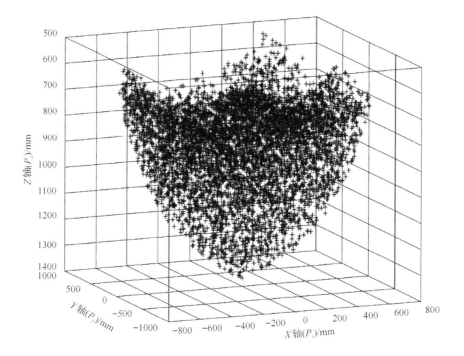

图 2-8　Delta 并联机器人工作空间

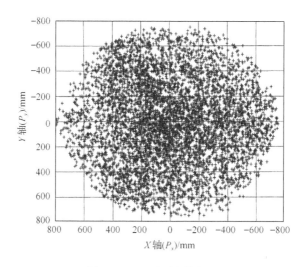

图 2-9　X-Y 平面上的投影

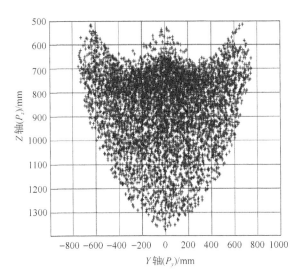

图 2-10　*Y-Z* 平面上的投影

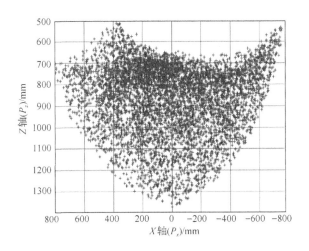

图 2-11　*X-Z* 平面上的投影

2.4　本 章 小 结

　　本章分析了 Delta 并联机器人逆运动学、正运动学求解方法，通过典型样本选取验证了求解方法的正确性；针对几何法正运动学求解方法的局限性，首次提出使用基于遗传算法优化的 BP 神经网络对 Delta 并联机器人正运动学进行求解。首先，采用几何学详细分析了正运动学求解、逆运动学求解方法，绘制了数据表，通过数据对比验证了两种方法的正确性。随后，针对几何法正运动学求解方法的局限性，提出使用基于遗传算法优化的 BP 神经网络对 Delta 并联机器人正运动学进行求解，实现运算速度的提高，满足系统实时性的需求，并采用遗传算法提高 BP 神经网络的性能，以减少预测误差，满足高精度的控制要求；对几何法与基于遗传算法优化的 BP 神经网络对机器人正运动学求解时间进行对比，采用基于遗传算法优化的 BP 神经网络的正运动学求解方法能够缩短求解时间。最后，运用正运动学求解得到的位姿数据，详细分析了动平台末端中心点能够达到的所有空间位置的集合，绘制了 Delta 并联机器人工作空间三维图，保障机器人高速运动不发生碰撞和无奇异位形，为轨迹规划提供了先决条件。

第3章 Delta 并联机器人轨迹规划方法与优化

Delta 并联机器人三个关节的运动轨迹决定着动平台末端的定位精度、运动时间（速度），关系到整个机器人的能耗及寿命，因此 Delta 并联机器人轨迹规划有着重要的意义。轨迹规划主要包括运行中点到点角位移运行仿真曲线、角速度仿真曲线及角加速度仿真曲线。

3.1 操作空间路径描述

在抓取、分拣等环节中，Delta 并联机器人的主要操作就是在机器人可以达到的三维空间中，实现某一点到另一点的抓取和放置操作，该操作常采用门字形轨迹，包括抓取、搬运、放置三部分，如图 3-1 所示，机器人动平台末端执行器的往（抓取）、返（放置）两个动作贯穿一整套完整的工作程序。每套动作的完成，动平台末端执行器都要依次完成上升阶段 h_0h_5、水平运动阶段 h_5h_6 以及下降阶段 h_6h_3。门字形运动轨迹一方面在拐角处产生运动方向突变容易造成末端振动，影响精度，另一方面也影响机器人的工作速率，故从 h_1 点至 h_2 点需设置圆弧过渡。

图 3-1 末端运动轨迹

3.2 关节空间分段多项式插值

在门字形轨迹规划中，常见的轨迹规划方法有多项式插值、B 样条曲线、Bezier 曲线、修正梯形曲线、Lamé 曲线等。其中多项式插值方法简单、运算快、易于实现，得到大量推广应用。本书主要分析了 4-3-4、3-5-3、4-5-4 等多项式插值方法。

多项式插值方法角位移曲线的一阶导数表示角速度仿真曲线，二阶导数表示角加速度仿真曲线。Delta 并联机器人高速、精确、平稳工作要求关节振动趋于最小。其轨迹应满足以下条件：①动平台中心点初始位置及终点位置速度、加速度为零；②角位移曲线对时间的一阶、二阶导数连续，这样才能够保证角位移、角加速度仿真曲线平滑，三阶导数（角加加速度）有上界。Delta 并联机器人轨迹规划约束条件如表 3-1 所示，表中分为初始位置、中间位置及终点位置的约束。

表 3-1 Delta 并联机器人轨迹规划约束条件

位置	序号	约束条件
初始位置	1	初始角位置（给定）
	2	初始角速度（0）
	3	初始角加速度（0）
中间位置	4	轨迹中间点 1 位置（给定）
	5	轨迹中间点 1 位置（前一段轨迹结束位置）
	6	轨迹中间点 1 角速度（前一段轨迹结束角速度）
	7	轨迹中间点 1 角加速度（前一段轨迹结束角加速度）
	8	轨迹中间点 2 位置（给定）
	9	轨迹中间点 2 位置（前一段轨迹结束位置）
	10	轨迹中间点 2 角速度（前一段轨迹结束角速度）
	11	轨迹中间点 2 角加速度（前一段轨迹结束角加速度）
终点位置	12	终止角位置（给定）
	13	终止角角速度（0）
	14	终止角角加速度（0）

3.2.1 4-3-4 分段多项式

4-3-4 分段多项式插值方法形式如下：

$$\begin{cases} h_{j1}(t) = \alpha_{j14}t_1^4 + \alpha_{j13}t_1^3 + \alpha_{j12}t_1^2 + \alpha_{j11}t + \alpha_{j10} \\ h_{j2}(t) = \alpha_{j23}t_2^3 + \alpha_{j22}t_2^2 + \alpha_{j21}t_2 + \alpha_{j10} \\ h_{j3}(t) = \alpha_{j34}t_3^4 + \alpha_{j33}t_3^3 + \alpha_{j32}t_3^2 + \alpha_{j31}t_3 + \alpha_{j30} \end{cases} \quad (3-1)$$

式中，系数 α_{j1i}、α_{j2i}、α_{j3i} 为关节 j 的轨迹一段、二段、三段多项式插值函数的第 i 个系数；$h_{j1}(t)$、$h_{j2}(t)$ 为路径关键点；$h_{j3}(t)$ 为物品放置点。由机械手在笛卡儿坐标系下的空间坐标起始点 h_0 和终止点 h_3 可知中间点 h_1 和 h_2 两个插值点位置，通过求解运动学逆解方程可得到相应的关节角度 β_{j0}、β_{j1}、β_{j2}、β_{j3}。起始点、终止点的速度和加速度为零，中间点的速度和加速度连续，从而可得到如式（3-2）的约束条件：

$$
\begin{cases}
h_{j1}(0) = \beta_{j0} \\
\dot{h}_{j1}(0) = 0 \\
\ddot{h}_{j1}(0) = 0 \\
h_{j2}(0) = h_{j1}(t_1) = \beta_{j1} \\
\dot{h}_{j2}(0) = \dot{h}_{j1}(t_1) \\
\ddot{h}_{j2}(0) = \ddot{h}_{j1}(t_1) \\
h_{j3}(0) = h_{j2}(t_2) = \beta_{j2} \\
\dot{h}_{j3}(0) = \dot{h}_{j2}(t_2) \\
\ddot{h}_{j3}(0) = \ddot{h}_{j2}(t_2) \\
h_{j3}(t_3) = \beta_{j3} \\
\dot{h}_{j3}(t_3) = 0 \\
\ddot{h}_{j3}(t_3) = 0
\end{cases}
\tag{3-2}
$$

式中，t_1、t_2、t_3 为每个关节三段多项式各自的运行时间。

由以上公式整理则可构建 4-3-4 多项式的矩阵构造形式：

$$
A = \begin{bmatrix}
t_1^4 & t_1^3 & t_1^2 & t_1 & 1 & 0 & 0 & 0 & -1 & 0 & 0 & 0 & 0 & 0 \\
4t_1^3 & 3t_1^2 & 2t_1 & 1 & 0 & 0 & 0 & -1 & 0 & 0 & 0 & 0 & 0 & 0 \\
12t_1^2 & 6t_1^1 & 2 & 0 & 0 & 0 & -2 & 0 & 0 & 0 & 0 & 0 & 0 & 0 \\
0 & 0 & 0 & 0 & 0 & t_2^3 & t_2^2 & t_2 & 1 & 0 & 0 & 0 & 0 & -1 \\
0 & 0 & 0 & 0 & 0 & 3t_2^2 & 2t_2 & 1 & 0 & 0 & 0 & 0 & -1 & 0 \\
0 & 0 & 0 & 0 & 0 & 6t_2 & 2 & 0 & 0 & 0 & 0 & -2 & 0 & 0 \\
0 & 0 & 0 & 0 & 0 & 0 & 0 & 0 & 0 & t_3^4 & t_3^3 & t_3^2 & t_3 & 1 \\
0 & 0 & 0 & 0 & 0 & 0 & 0 & 0 & 0 & 4t_3^3 & 3t_3^2 & 2t_3 & 1 & 0 \\
0 & 0 & 0 & 0 & 0 & 0 & 0 & 0 & 0 & 12t_3^2 & 6t_3 & 2 & 0 & 0 \\
0 & 0 & 0 & 0 & 1 & 0 & 0 & 0 & 0 & 0 & 0 & 0 & 0 & 0 \\
0 & 0 & 0 & 1 & 0 & 0 & 0 & 0 & 0 & 0 & 0 & 0 & 0 & 0 \\
0 & 0 & 1 & 0 & 0 & 0 & 0 & 0 & 0 & 0 & 0 & 0 & 0 & 0 \\
0 & 0 & 0 & 0 & 0 & 0 & 0 & 0 & 0 & 0 & 0 & 0 & 0 & 1 \\
0 & 0 & 0 & 0 & 0 & 0 & 0 & 0 & 1 & 0 & 0 & 0 & 0 & 0
\end{bmatrix}
\tag{3-3}
$$

$$b = \begin{bmatrix} 0 & 0 & 0 & 0 & 0 & 0 & \beta_{j3} & 0 & 0 & \beta_{j0} & 0 & 0 & \beta_{j2} & \beta_{j1} \end{bmatrix}^{\mathrm{T}} \quad (3\text{-}4)$$

$$a = \begin{bmatrix} a_{j14} & a_{j13} & a_{j12} & a_{j11} & a_{j10} & a_{j23} & a_{j22} & a_{j21} & a_{j20} & a_{j34} & a_{j33} & a_{j32} & a_{j31} & a_{j30} \end{bmatrix}^{\mathrm{T}}$$

可得关系式：

$$a = A^{-1}b \quad (3\text{-}5)$$

3.2.2　3-5-3 分段多项式

3-5-3 分段多项式如下：

$$\begin{cases} h_{j1}(t) = \alpha_{j13}t_1^3 + \alpha_{j12}t_1^2 + \alpha_{j11}t + \alpha_{j10} \\ h_{j2}(t) = \alpha_{j25}t_2^5 + \alpha_{j24}t_2^4 + \alpha_{j23}t_2^3 + \alpha_{j22}t_2^2 + \alpha_{j21}t_2 + \alpha_{j10} \\ h_{j3}(t) = \alpha_{j33}t_3^3 + \alpha_{j32}t_3^2 + \alpha_{j31}t_3 + \alpha_{j30} \end{cases} \quad (3\text{-}6)$$

式中，系数 α_{j1i}、α_{j2i}、α_{j3i} 为关节 j 的轨迹一段、二段、三段多项式插值函数的第 i 个系数；$h_{j1}(t)$、$h_{j2}(t)$ 为路径关键点；$h_{j3}(t)$ 为物品放置点。起始点、终止点的速度和加速度为零，中间点的速度和加速度连续，从而可得到如式（3-7）的约束条件：

$$\begin{cases} h_{j1}(0) = \beta_{j0} \\ \dot{h}_{j1}(0) = 0 \\ \ddot{h}_{j1}(0) = 0 \\ h_{j2}(0) = h_{j1}(t_1) = \beta_{j1} \\ \dot{h}_{j2}(0) = \dot{h}_{j1}(t_1) \\ \ddot{h}_{j2}(0) = \ddot{h}_{j1}(t_1) \\ h_{j3}(0) = h_{j2}(t_2) = \beta_{j2} \\ \dot{h}_{j3}(0) = \dot{h}_{j2}(t_2) \\ \ddot{h}_{j3}(0) = \ddot{h}_{j2}(t_2) \\ h_{j3}(t_3) = \beta_{j3} \\ \dot{h}_{j3}(t_3) = 0 \\ \ddot{h}_{j3}(t_3) = 0 \end{cases} \quad (3\text{-}7)$$

式中，t_1、t_2、t_3 为每个关节三段多项式各自的运行时间。

由以上公式整理则可构建 3-5-3 多项式的矩阵构造形式如式（3-8）、式（3-9）所示：

$$
A=\begin{bmatrix}
t_1^3 & t_1^2 & t_1 & 1 & 0 & 0 & 0 & 0 & 0 & -1 & 0 & 0 & 0 & 0 \\
3t_1^2 & 2t_1 & 1 & 0 & 0 & 0 & 0 & 0 & -1 & 0 & 0 & 0 & 0 & 0 \\
6t_1 & 2 & 0 & 0 & 0 & 0 & 0 & -2 & 0 & 0 & 0 & 0 & 0 & 0 \\
0 & 0 & 0 & 0 & t_2^5 & t_2^4 & t_2^3 & t_2^2 & t_2 & 1 & 0 & 0 & 0 & -1 \\
0 & 0 & 0 & 0 & 5t_2^4 & 4t_2^3 & 3t_2^2 & 2t_2 & 1 & 0 & 0 & 0 & -1 & 0 \\
0 & 0 & 0 & 0 & 20t_2^3 & 12t_2^2 & 6t_2 & 2 & 0 & 0 & 0 & -2 & 0 & 0 \\
0 & 0 & 0 & 0 & 0 & 0 & 0 & 0 & 0 & 0 & t_3^3 & t_3^2 & t_3 & 1 \\
0 & 0 & 0 & 0 & 0 & 0 & 0 & 0 & 0 & 0 & 3t_3^2 & 2t_3 & 1 & 0 \\
0 & 0 & 0 & 0 & 0 & 0 & 0 & 0 & 0 & 0 & 6t_3 & 2 & 0 & 0 \\
0 & 0 & 0 & 0 & 1 & 0 & 0 & 0 & 0 & 0 & 0 & 0 & 0 & 0 \\
0 & 0 & 0 & 1 & 0 & 0 & 0 & 0 & 0 & 0 & 0 & 0 & 0 & 0 \\
0 & 0 & 1 & 0 & 0 & 0 & 0 & 0 & 0 & 0 & 0 & 0 & 0 & 0 \\
0 & 0 & 0 & 0 & 0 & 0 & 0 & 0 & 0 & 0 & 0 & 0 & 0 & 1 \\
0 & 0 & 0 & 0 & 0 & 0 & 0 & 0 & 0 & 1 & 0 & 0 & 0 & 0
\end{bmatrix}
$$

$$\tag{3-8}$$

$$
b=\begin{bmatrix} 0 & 0 & 0 & 0 & 0 & 0 & \beta_{j3} & 0 & 0 & \beta_{j0} & 0 & 0 & \beta_{j2} & \beta_{j1} \end{bmatrix}^{\mathrm{T}} \tag{3-9}
$$

3.2.3　4-5-4 分段多项式

4-5-4 分段多项式如下：

$$
\begin{cases}
h_{j1}(t)=\alpha_{j14}t_1^4+\alpha_{j13}t_1^3+\alpha_{j12}t_1^2+\alpha_{j11}t+\alpha_{j10} \\
h_{j2}(t)=\alpha_{j25}t_2^5+\alpha_{j24}t_2^4+\alpha_{j23}t_2^3+\alpha_{j22}t_2^2+\alpha_{j21}t_2+\alpha_{j10} \\
h_{j3}(t)=\alpha_{j34}t_3^4+\alpha_{j33}t_3^3+\alpha_{j32}t_3^2+\alpha_{j31}t_3+\alpha_{j30}
\end{cases} \tag{3-10}
$$

式中，系数 α_{j1i}、α_{j2i}、α_{j3i} 为关节 j 的轨迹一段、二段、三段多项式插值函数的第 i 个系数；$h_{j1}(t)$、$h_{j2}(t)$ 为路径关键点；$h_{j3}(t)$ 为物品放置点。起始点、终止点的速度和加速度为零，中间点的速度和加速度连续，从而可得到如式（3-11）的约束条件：

$$\begin{cases} h_{j1}(0) = \beta_{j0} \\ \dot{h}_{j1}(0) = 0 \\ \ddot{h}_{j1}(0) = 0 \\ h_{j2}(0) = h_{j1}(t_1) = \beta_{j1} \\ \dot{h}_{j2}(0) = \dot{h}_{j1}(t_1) \\ \ddot{h}_{j2}(0) = \ddot{h}_{j1}(t_1) \\ h_{j3}(0) = h_{j2}(t_2) = \beta_{j2} \\ \dot{h}_{j3}(0) = \dot{h}_{j2}(t_2) \\ \ddot{h}_{j3}(0) = \ddot{h}_{j2}(t_2) \\ h_{j3}(t_3) = \beta_{j3} \\ \dot{h}_{j3}(t_3) = 0 \\ \ddot{h}_{j3}(t_3) = 0 \end{cases} \tag{3-11}$$

式中，t_1、t_2、t_3 为每个关节三段多项式各自的运行时间。由以上公式整理则可构建 4-5-4 多项式的矩阵构造形式：

$$A = \begin{bmatrix}
t_1^4 & t_1^3 & t_1^2 & t_1 & 1 & 0 & 0 & 0 & 0 & 0 & -1 & 0 & 0 & 0 & 0 & 0 \\
4t_1^3 & 3t_1^2 & 2t_1 & 1 & 0 & 0 & 0 & 0 & 0 & -1 & 0 & 0 & 0 & 0 & 0 & 0 \\
12t_1^2 & 6t_1 & 1 & 0 & 0 & 0 & 0 & 0 & -2 & 0 & 0 & 0 & 0 & 0 & 0 & 0 \\
24t_1 & 6 & 0 & 0 & 0 & 0 & 0 & -6 & 0 & 0 & 0 & 0 & 0 & 0 & 0 & 0 \\
0 & 0 & 0 & 0 & 0 & t_2^5 & t_2^4 & t_2^3 & t_2^2 & t_2 & 1 & 0 & 0 & 0 & 0 & 1 \\
0 & 0 & 0 & 0 & 0 & 5t_2^4 & 4t_2^3 & 3t_2^2 & 2t_2 & 1 & 0 & 0 & 0 & 0 & 1 & 0 \\
0 & 0 & 0 & 0 & 0 & 20t_2^3 & 12t_2^2 & 6t_2 & 2 & 0 & 0 & 0 & 0 & -2 & 0 & 0 \\
0 & 0 & 0 & 0 & 0 & 0 & 0 & 0 & 0 & 0 & 0 & t_3^4 & t_3^3 & t_3^2 & t_3^1 & 1 \\
0 & 0 & 0 & 0 & 0 & 0 & 0 & 0 & 0 & 0 & 0 & 4t_3^3 & 3t_3^2 & 2t_3 & 1 & 0 \\
0 & 0 & 0 & 0 & 0 & 0 & 0 & 0 & 0 & 0 & 0 & 12t_3^2 & 6t_3 & 2 & 0 & 0 \\
0 & 0 & 0 & 0 & 0 & 0 & 0 & 0 & 0 & 0 & 0 & 24t_3 & 6 & 0 & 0 & 0 \\
0 & 0 & 0 & 0 & 1 & 0 & 0 & 0 & 0 & 0 & 0 & 0 & 0 & 0 & 0 & 0 \\
0 & 0 & 0 & 1 & 0 & 0 & 0 & 0 & 0 & 0 & 0 & 0 & 0 & 0 & 0 & 0 \\
0 & 0 & 1 & 0 & 0 & 0 & 0 & 0 & 0 & 0 & 0 & 0 & 0 & 0 & 0 & 0 \\
0 & 0 & 0 & 0 & 0 & 0 & 0 & 0 & 0 & 0 & 0 & 0 & 0 & 0 & 1 & 0 \\
0 & 0 & 0 & 0 & 0 & 0 & 0 & 0 & 0 & 0 & 1 & 0 & 0 & 0 & 0 & 0
\end{bmatrix}$$

$$\tag{3-12}$$

$$b = \begin{bmatrix} 0 & 0 & 0 & 0 & 0 & 0 & 0 & \beta_{j3} & 0 & 0 & 0 & \beta_{j0} & 0 & \beta_{j2} & \beta_{j1} \end{bmatrix}^{\mathrm{T}} \quad (3\text{-}13)$$

3.2.4　轨迹仿真分析

本书 Delta 并联机器人轨迹规划仿真参数如表 3-2 所示。以笛卡儿坐标系下的空间坐标抓取点 h_0 (-400, -300, 750) 和放置点 h_3 (200, 200, 750) 为例展开研究，增加中间点 h_1 (-400, -300, 850)、h_2 (200, 200, 850) 两个插值点位置，已知空间位姿，通过逆运动学求解方法可得到相应的关节角度 β_{j0} (53.35°, 28.64°, -18.62°)、β_{j1} (45.79°, 17.36°, -35.15°)、β_{j2} (-26.5°, -12.75°, 22.34°)、β_{j3} (-9.39°, 2.46°, 32.1°)。

表 3-2　Delta 并联机器人轨迹规划仿真参数

序号	名称	符号	数量/mm
1	主动臂长度	L_1	400
2	从动臂长度	L_2	1000
3	主动臂中心点与坐标系中心点的距离	R	205
4	动平台中心点与从动臂末端距离	r	50
5	抓取点	h_0	(-400, -300, 750)
6	放置点	h_3	(200, 200, 750)

1. 4-3-4 分段多项式仿真

设定 $t_1=0.5\mathrm{s}$，$t_2=1\mathrm{s}$，$t_3=0.5\mathrm{s}$，总时间为 2s。4-3-4 轨迹规划图如图 3-2 所示，图 3-2（a）为角位移运行仿真曲线，图 3-2（b）为角速度仿真曲线，图 3-2（c）为角加速度仿真曲线。由三个关节的角位移曲线，可以得到三个关节同一时间的运动角度，再依据同一时间的运动角度采用基于遗传算法优化的 BP 神经网络算法的 Delta 并联机器人正运动学求解方法可得机器人空间坐标点，连接这些坐标即可得到 4-3-4 分段多项式插值方法的机器人末端轨迹图，如图 3-2（d）所示。

2. 3-5-3 分段多项式仿真

设定 $t_1=0.5\mathrm{s}$，$t_2=1\mathrm{s}$，$t_3=0.5\mathrm{s}$，总时间为 2s。3-5-3 轨迹规划图如图 3-3 所示，图 3-3（a）为角位移运行仿真曲线，图 3-3（b）为角速度仿真曲线，图 3-3（c）为角加速度仿真曲线。由三个关节的角位移曲线，可以得到三个关节同一时间的运动角度，再依据同一时间的运动角度采用基于遗传算法优化的 BP 神经网络算法的 Delta 并联机器人正运动学求解方法可得机器人空间坐标点，连接这些坐标即可得到 3-5-3 分段多项式插值方法的机器人末端轨迹图，如图 3-3（d）所示。

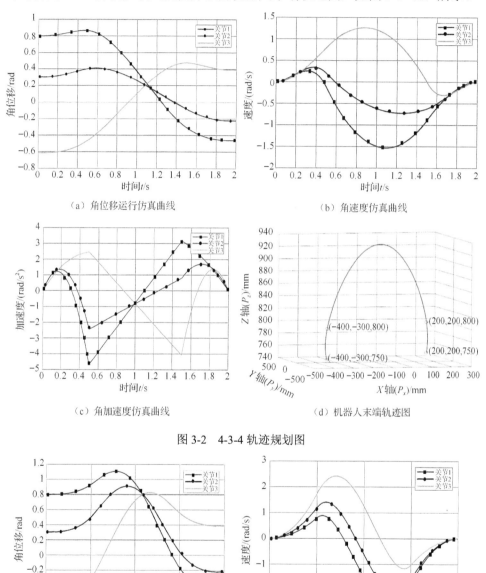

（a）角位移运行仿真曲线

（b）角速度仿真曲线

（c）角加速度仿真曲线

（d）机器人末端轨迹图

图 3-2　4-3-4 轨迹规划图

（a）角位移运行仿真曲线

（b）角速度仿真曲线

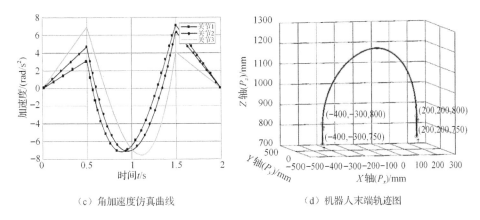

（c）角加速度仿真曲线　　　　　　（d）机器人末端轨迹图

图 3-3　3-5-3 轨迹规划图

3. 4-5-4 分段多项式仿真

设定 t_1=0.5s，t_2=1s，t_3=0.5s，总时间为 2s。4-5-4 轨迹规划图如图 3-4 所示，图 3-4（a）为角位移运行仿真曲线，图 3-4（b）为角速度仿真曲线，图 3-4（c）为角加速度仿真曲线。由三个关节的角位移曲线，可以得到三个关节同一时间的运动角度，再依据同一时间的运动角度采用基于遗传算法优化的 BP 神经网络算法的 Delta 并联机器人正运动学求解方法可得机器人空间坐标点，连接这些坐标即可得到 4-5-4 分段多项式插值方法的机器人末端轨迹图，如图 3-4（d）所示。

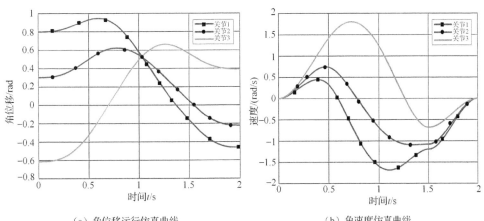

（a）角位移运行仿真曲线　　　　　　（b）角速度仿真曲线

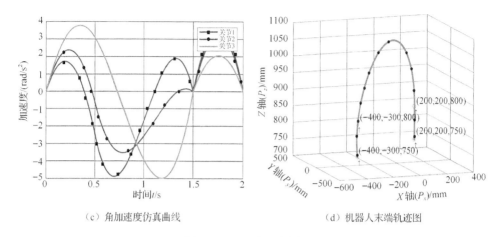

（c）角加速度仿真曲线　　　　　　　（d）机器人末端轨迹图

图 3-4　4-5-4 轨迹规划图

对比图 3-2～图 3-4，在相同的轨迹、相同的时间下，4-3-4 模式最高角速度为 1.5rad/s，角加速度为 4.8rad/s^2，末端轨迹坐标中 Z 值约 930mm；3-5-3 模式最高角速度为 2.5rad/s，角加速度为 7rad/s^2，末端轨迹坐标中 Z 值约 715mm；4-5-4 模式最高角速度为 1.8rad/s，角加速度为 5rad/s^2，末端轨迹坐标中 Z 值约 1030mm。

通过验证分析，在相同的角位移时间下，3 段分段多项式插值函数性能中 4-3-4 模式具有较好的性能。

3.3　4-3-3-4 分段多项式

3.3.1　4-3-3-4 分段多项式分析

由上节所述 3 种模式可知，由于放置和抓取之间仅增加 2 个关键点，故在搬运段的轨迹是不可控的，4-3-4 模式中 Z 值是最小的，但仍然高达 930mm。本着降低能耗和减小运行时间的原则，如图 3-5 所示，在门字形轨迹中，增加一个关键点 h_4 点(-100, -50, 850)，即把门字形轨迹分成 4 段，分别为上升段 h_0h_1、搬运段 h_1h_4、h_4h_2，下放段 h_2h_3，把 Z 值降低到 850mm。设 4 段运行时间分别为 t_1、t_2、t_3、t_4。Delta 并联机器人 4-3-3-4 轨迹规划约束条件如表 3-3 所示。

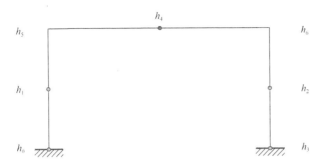

图 3-5　机器人末端运动图

表 3-3　Delta 并联机器人 4-3-3-4 轨迹规划约束条件

位置	序号	约束条件
初始位置	1	初始角位置（给定）
	2	初始角速度（0）
	3	初始角加速度（0）
中间位置	4	轨迹中间点 1 位置（给定）
	5	轨迹中间点 1 位置（前一段轨迹结束位置）
	6	轨迹中间点 1 角速度（前一段轨迹结束角速度）
	7	轨迹中间点 1 角加速度（前一段轨迹结束角加速度）
	8	轨迹中间点 2 位置（给定）
	9	轨迹中间点 2 位置（前一段轨迹结束位置）
	10	轨迹中间点 2 角速度（前一段轨迹结束角速度）
	11	轨迹中间点 2 角加速度（前一段轨迹结束角加速度）
	12	轨迹中间点 3 位置（给定）
	13	轨迹中间点 3 位置（前一段轨迹结束位置）
	14	轨迹中间点 3 角速度（前一段轨迹结束角速度）
	15	轨迹中间点 3 角加速度（前一段轨迹结束角加速度）
终点位置	16	终止角位置（给定）
	17	终止角角速度（0）
	18	终止角角加速度（0）

4-3-3-4 分段多项式形式为

$$
\begin{cases}
h_{j1}(t) = \alpha_{j14}t_1^4 + \alpha_{j13}t_1^3 + \alpha_{j12}t_1^2 + \alpha_{j11}t_1^1 + \alpha_{j10} \\
h_{j2}(t) = \alpha_{j23}t_2^3 + \alpha_{j22}t_2^2 + \alpha_{j21}t_2^1 + \alpha_{j20} \\
h_{j3}(t) = \alpha_{j33}t_3^3 + \alpha_{j32}t_3^2 + \alpha_{j31}t_3^1 + \alpha_{j30} \\
h_{j4}(t) = \alpha_{j44}t_4^4 + \alpha_{j43}t_4^3 + \alpha_{j42}t_4^2 + \alpha_{j41}t_4^1 + \alpha_{j40}
\end{cases}
\tag{3-14}
$$

由起始点、终止点的速度和加速度为零，中间点的速度和加速度连续，可得到如式（3-15）的约束条件：

$$
\begin{cases}
h_{j1}(0) = \beta_{j0} \\
\dot{h}_{j1}(0) = 0 \\
\ddot{h}_{j1}(0) = 0 \\
h_{j2}(0) = h_{j1}(t_1) = \beta_{j1} \\
\dot{h}_{j2}(0) = \dot{h}_{j1}(t_1) \\
\ddot{h}_{j2}(0) = \ddot{h}_{j1}(t_1) \\
h_{j3}(0) = h_{j2}(t_2) = \beta_{j2} \\
\dot{h}_{j3}(0) = \dot{h}_{j2}(t_2) \\
\ddot{h}_{j3}(0) = \ddot{h}_{j2}(t_2) \\
h_{j3}(0) = \ddot{h}_{j2}(t_3) = \beta_{j3} \\
\dot{h}_{j3}(0) = \dot{h}_{j2}(t_3) \\
\ddot{h}_{j3}(0) = \ddot{h}_{j2}(t_3) \\
h_{j4}(t_4) = \beta_{j4} \\
\dot{h}_{j4}(t_4) = 0 \\
\ddot{h}_{j3}(t_4) = 0
\end{cases}
\tag{3-15}
$$

由以上公式整理则可构建 4-3-3-4 多项式的矩阵构造形式如式（3-16）、式（3-17）所示：

$$
A=\begin{bmatrix}
t_1^4 & t_1^3 & t_1^2 & t_1 & 1 & 0 & 0 & 0 & -1 & 0 & 0 & 0 & 0 & 0 & 0 & 0 & 0 & 0 \\
4t_1^3 & 3t_1^2 & 2t_1 & 1 & 0 & 0 & 0 & -1 & 0 & 0 & 0 & 0 & 0 & 0 & 0 & 0 & 0 & 0 \\
12t_1^2 & 6t_1 & 2 & 0 & 0 & 0 & -2 & 0 & 0 & 0 & 0 & 0 & 0 & 0 & 0 & 0 & 0 & 0 \\
0 & 0 & 0 & 0 & 0 & t_2^3 & t_2^2 & t_2 & 1 & 0 & 0 & 0 & -1 & 0 & 0 & 0 & 0 & 0 \\
0 & 0 & 0 & 0 & 0 & 3t_2^2 & 2t_2 & 1 & 0 & 0 & 0 & -1 & 0 & 0 & 0 & 0 & 0 & 0 \\
0 & 0 & 0 & 0 & 0 & 6t_2 & 2 & 0 & 0 & 0 & -2 & 0 & 0 & 0 & 0 & 0 & 0 & 0 \\
0 & 0 & 0 & 0 & 0 & 0 & 0 & 0 & 0 & t_3^3 & t_3^2 & t_3 & 1 & 0 & 0 & 0 & 0 & -1 \\
0 & 0 & 0 & 0 & 0 & 0 & 0 & 0 & 0 & 3t_3^2 & 2t_3 & 1 & 0 & 0 & 0 & 0 & -1 & 0 \\
0 & 0 & 0 & 0 & 0 & 0 & 0 & 0 & 0 & 6t_3 & 2 & 0 & 0 & 0 & 0 & -2 & 0 & 0 \\
0 & 0 & 0 & 0 & 0 & 0 & 0 & 0 & 0 & 0 & 0 & 0 & 0 & t_4^4 & t_4^3 & t_4^2 & t_4 & 1 \\
0 & 0 & 0 & 0 & 0 & 0 & 0 & 0 & 0 & 0 & 0 & 0 & 0 & 4t_4^3 & 3t_4^2 & 2t_4 & 1 & 0 \\
0 & 0 & 0 & 0 & 0 & 0 & 0 & 0 & 0 & 0 & 0 & 0 & 0 & 12t_4^2 & 6t_4 & 2 & 0 & 0 \\
0 & 0 & 0 & 0 & 1 & 0 & 0 & 0 & 0 & 0 & 0 & 0 & 0 & 0 & 0 & 0 & 0 & 0 \\
0 & 0 & 0 & 1 & 0 & 0 & 0 & 0 & 0 & 0 & 0 & 0 & 0 & 0 & 0 & 0 & 0 & 0 \\
0 & 0 & 1 & 0 & 0 & 0 & 0 & 0 & 0 & 0 & 0 & 0 & 0 & 0 & 0 & 0 & 0 & 0 \\
0 & 0 & 0 & 0 & 0 & 0 & 0 & 0 & 0 & 0 & 0 & 0 & 0 & 0 & 0 & 0 & 0 & 1 \\
0 & 0 & 0 & 0 & 0 & 0 & 0 & 0 & 0 & 0 & 0 & 0 & 0 & 0 & 0 & 0 & 1 & 0 \\
0 & 0 & 0 & 0 & 0 & 0 & 0 & 0 & 1 & 0 & 0 & 0 & 0 & 0 & 0 & 0 & 0 & 0
\end{bmatrix}
$$

$$\tag{3-16}$$

$$
b=\begin{bmatrix} 0 & 0 & 0 & 0 & 0 & 0 & 0 & 0 & 0 & \beta_{j4} & 0 & 0 & \beta_{j0} & 0 & 0 & \beta_{j3} & \beta_{j2} & \beta_{j1} \end{bmatrix}^{\mathrm{T}}
$$

$$\tag{3-17}$$

可得关系式：

$$a = A^{-1}b \tag{3-18}$$

3.3.2　4-3-3-4 仿真实验

设定 $t_1=0.5\mathrm{s}$，$t_2=0.5\mathrm{s}$，$t_3=0.5\mathrm{s}$，$t_4=0.5\mathrm{s}$，总时间为 2s。4-3-3-4 轨迹规划图如图 3-6 所示，图 3-6（a）为角位移运行仿真曲线，图 3-6（b）为角速度仿真曲线，图 3-6（c）为角加速度仿真曲线。由三个关节的角位移曲线，可以得到三个关节同一时间的运动角度，再依据同一时间的运动角度采用基于遗传算法优化的 BP 神经网络算法的 Delta 并联机器人正运动学求解方法可得机器人空间坐标点，连接这些坐标即可得到 4-3-3-4 分段多项式插值方法的机器人末端轨迹图，如图 3-6（d）所示。

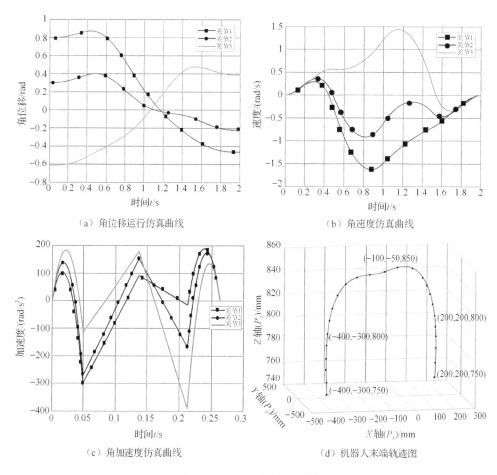

（a）角位移运行仿真曲线　　　　　　　（b）角速度仿真曲线

（c）角加速度仿真曲线　　　　　　　（d）机器人末端轨迹图

图 3-6　4-3-3-4 轨迹规划图

3.3.3　仿真对比分析

对比图 3-2～图 3-4 与图 3-6 可知，在相同运动时间 2s 情况下，4-3-3-4 分段多项式插值的角位移运行仿真曲线、角速度仿真曲线、角加速度仿真曲线性能均优于其他 3 种模式分段多项式插值的角位移运行仿真曲线、角速度仿真曲线、角加速度仿真曲线，再对比所有机器人末端轨迹图可知，由于关键点 h_4 的增加，Z 值设定为 850mm。因此，4-3-3-4 分段多项式插值装置轨迹规划运行能耗低于其他分段多项式插值的轨迹规划。4-3-3-4 分段多项式插值与 4-3-4 分段多项式插值轨迹规划末端轨迹对比图如图 3-7 所示。

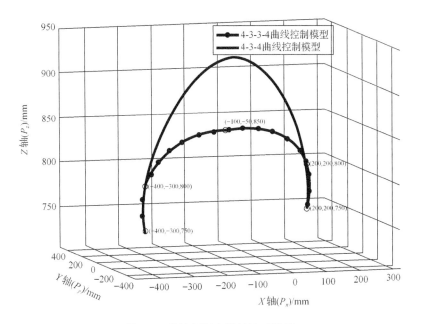

图 3-7　轨迹规划末端轨迹对比图

由图 3-7 可知，关节空间内 4-3-3-4 分段多项式轨迹规划方法与关节空间内 4-3-4 分段多项式轨迹规划方法形成的末端轨迹大致相同，在路径点处末端位置、关键点位置重合，其他轨迹段存在一定位置偏差，偏差在合理范围内，可以满足实际抓放作业要求。作为 Delta 并联机器人轨迹的角位移、角速度和角加速度在时域内连续是轨迹规划的首要条件，两种运动规律插值均为 3 次以上，所以在时域内其一阶、二阶导数连续，保证在空间坐标内和关节空间内均保持角速度、角加速度连续，同时，4-3-3-4 分段多项式方法减小了电动机冲击，运行轨迹具有更好的柔顺性。4-3-3-4 分段多项式方法与 4-3-4 分段多项式方法对比，4-3-3-4 分段多项式方法关节角速度和角加速度更小，在运行时间相同的情况下，4-3-3-4 分段多项式方法曲线更加平滑，系统运行时能耗更低。

3.4　一种改进的粒子群优化轨迹

3.4.1　改进的粒子群算法约束条件

为了实现 Delta 并联机器人的时间最优轨迹规划，本书提出了一种改进的粒子群算法，用于优化空间轨迹 4-3-3-4 分段多项式插值。为得到轨迹规划优化过程的最优解，需对各粒子参数进行优化。在空间轨迹 4-3-3-4 分段多项式插值的情况下，Delta 并联机器人三个关节通过各区间的运行时间分别为 t_1、t_2、t_3 和 t_4。

式（3-19）表明 $\theta(t)$ 是时间粒子参数的函数：

$$\theta(t) = \min(t_1 + t_2 + t_3 + t_4) \tag{3-19}$$

$$\begin{cases} \max\left|\dot{\theta}_{j1}, \dot{\theta}_{j2}, \dot{\theta}_{j3}\right| \leqslant v_{\max} \\ \max\left|\ddot{\theta}_{j1}, \ddot{\theta}_{j2}, \ddot{\theta}_{j3}\right| \leqslant a_{\max} \end{cases} \tag{3-20}$$

式（3-20）分别给出了 Delta 并联机器人三个关节的速度约束和加速度约束。每组时间粒子参数的适应度可由式（3-19）中时间粒子参数的函数计算得出。需要用式（3-21）～式（3-25）和式（3-19）对时间粒子参数的局部最优解和全局最优解进行计算和比较：

$$V_{id} = wV_{id} + c_1 r_1 (P_{id} - X_{id}) + c_2 r_2 (P_{gd} - X_{id}) \tag{3-21}$$

$$X_{id} = X_{id} + \alpha V_{id} \tag{3-22}$$

$$w = w_{\max} - (w_{\max} - w_{\min})\frac{n}{N} \tag{3-23}$$

$$c_1 = 2\sin^2\left(\frac{\pi}{2}(1 - \frac{1}{N})\right) \tag{3-24}$$

$$c_2 = 2\sin^2\left(\frac{\pi n}{2N}\right) \tag{3-25}$$

在式（3-21）和式（3-22）中，i=1, 2, 3, …表示粒子数，d=1, 2, 3 表示维数；w 表示通过式（3-23）可以计算得到的非负惯性权重；$w_{\max}$ 表示惯性权重的最大值；$w_{\min}$ 表示惯性权重的最小值；n 表示当前运行的迭代次数；N 表示总迭代次数；粒子群算法的全局收敛与局部收敛能力与 w 有关，w 较大时，全局收敛能力强，W 较小时，局部收敛能力强。因此，为使初始阶段粒子群算法的全局收敛能力和后期的局部收敛能力增强，惯性权重应该随着迭代次数的增加而不断减小。c_1 和 c_2 是学习因子，其数值范围是非负的，它们可以用式（3-24）和式（3-25）来计算；r_1 和 r_2 是 0～1 范围内的随机数；α 是用来控制粒子速度权重的约束因子。

本书粒子群算法采用动态变化学习因子，学习因子通过式（3-24）和式（3-25）计算得出。搜索次数增加时，全局学习因子 c_1 减小，局部学习因子 c_2 增大。动态变化学习因子使搜索在早期快速达到全局最优，后期快速达到局部最优。基于粒子群算法优化的 Delta 并联机器人关节时间轨迹规划的具体步骤如下。

步骤 1：将在 MATLAB 里定义粒子群种群规模为"Popsize"，并设置为 20。在插值时间的三维搜索空间中，随机生成"Popsize"规模的粒子，形成初始粒子群，并对粒子的位置和速度进行初始化。

步骤 2：将"Popsize"维数 t_1、t_2、t_3 和 t_4 代入式（3-15）～式（3-18），得

到 4-3-3-4 多项式的未知系数。

步骤 3：在式（3-15）中引入 4-3-3-4 多项式的系数并推导出时间，计算得到各个关节伺服电动机的角速度，并判断实时各个关节的速度和加速度是否满足式（3-20）。

步骤 4：对每个粒子的适应度进行计算，然后筛选步骤 3 的结果。当步骤 3 的判断结果为不满足时，则对该粒子的适应度赋极大常数值。粒子寻优时，比较各粒子适应度，优先排除适应度大的粒子。粒子本身将逐渐接近最优值，直到它满足式（3-20）的速度约束。如果四段的实时最大速度和加速度符合式（3-20），然后将适应度函数表述为式（3-19），粒子群优化迭代的目的是获得最小的插值时间。

步骤 5：通过比较每个粒子的最佳位置适应度，如果该粒子适应度较理想，则取代当前最佳位置；如果不理想，则最佳位置被保留。

步骤 6：对当前各粒子最佳位置的适应度进行比较，选择当前最佳的整体粒子，并将其与全局最佳位置进行比较。如果是更佳的粒子，将取代当前最佳的粒子。

步骤 7：根据式（3-21）和式（3-22），对粒子的速度和位置进行更新，并且新的种群由"Popsize"粒子的数目重构，再一次重复步骤 2、3 和 4。

步骤 8：寻优终止条件指的是粒子寻到最优适应度或者达到了预设的最大迭代次数（本书预设的最大迭代次数作为终止条件）。如满足以上条件，则算法结束，否则将返回步骤 2。

3.4.2　改进的粒子群优化算法的仿真

通过编程建立了 Delta 并联机器人的模型，并根据 Delta 并联机器人的结构确定了各臂关节变量的取值范围见表 3-4。根据起始点、终止点 h_3 和三个关键点 h_1、h_2 和 h_4，通过逆运动学求解，可以得到三个关节的相应旋转角度。

表 3-4　粒子群优化算法仿真位姿表

轨迹运行点	点坐标/mm	关节旋转角度/（°）
h_0	(-400, -300, 750)	(45.79, 17.36, -35.15)
h_1	(-400, -300, 800)	(49.48, 23.06, -26.6)
h_4	(-100, -50, 850)	(12.66, 2.99, -5.12)
h_2	(200, 200, 800)	(-17.48, -4.79, 27.27)
h_3	(200, 200, 750)	(-26.5, -12.75, 22.34)

在本书中，"Popsize"设置为 20，粒子的最大速度在[-2, 2]范围内。迭代次数

N 设置为 200。建立了对应于空间轨迹 4-3-3-4 分段多项式插值段的 t_1、t_2、t_3 和 t_4 的范围，即从 $\{t_1=0.01\text{s}, t_2=0.01\text{s}, t_3=0.01\text{s}, t_4=0.01\text{s}\}$ 到 $\{t_1=0.1\text{s}, t_2=0.1\text{s}, t_3=0.1\text{s}, t_4=0.1\text{s}\}$。作为 t_1、t_2、t_3 和 t_4 的上限，假设值较小，并经人工测试验证，保证最大速度 10m/s、最大加速度 10m/s^2 的约束下是合理的。然后用改进的粒子群算法搜索最小集 $\{t_1、t_2、t_3、t_4\}$。多项式插值系数是由时间（粒子）决定的，粒子群优化过程中，角速度随每次粒子更新而变化，这导致时间最优组合并不是唯一的。因此，在进行了一定数量的优化操作之后，选择了表 3-5 中的 5 个优化时间作为最优轨迹规划时间。图 3-8 描述了一个最优时间集 $\{t_1=0.05\text{s}, t_2=0.0873\text{s}, t_3=0.075\text{s}, t_4=0.05\text{s}\}$ 的适应度迭代曲线。由优化结果可知，总时间均在 0.26s 左右，达到目标值 0.35s 的需求。

表 3-5 优化结果 单位：s

序号	时间				总时间 t_i
	t_1	t_2	t_3	t_4	
1	0.0500	0.0873	0.0758	0.0500	0.2631
2	0.0500	0.0873	0.0759	0.0500	0.2632
3	0.0500	0.0873	0.0760	0.0500	0.2633
4	0.0500	0.0871	0.0772	0.0500	0.2643
5	0.0500	0.0887	0.0758	0.0500	0.2645

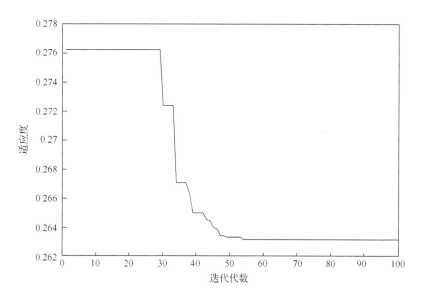

图 3-8 适应度迭代曲线

图 3-9 显示了对应于{t_1=0.05s, t_2=0.0873s, t_3=0.0758s, t_4=0.05s}的空间轨迹和对应于{t_1=0.1s, t_2=0.1s, t_3=0.1s, t_4=0.1s}的空间轨迹。计算表明，与优化前相比，优化时间缩短了(0.4-0.2631)/0.4×100%=34.23%。

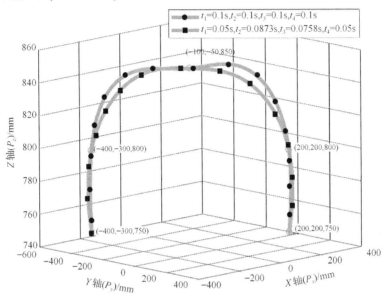

图 3-9　时间优化前后空间轨迹的比较

3.5　本 章 小 结

本章分析了 Delta 并联机器人门字形轨迹的分段多项式插值方法，针对现有多项式插值方法的局限性，提出了 4-3-3-4 分段多项式插值方法；为了实现 Delta 并联机器人的时间最优轨迹规划，使其高速运行，运行时间最短，采用一种改进的粒子群算法，用于优化空间轨迹 4-3-3-4 分段多项式插值。首先，分析了 4-3-4、3-5-3、4-5-4 分段多项式插值方法，采用 MATLAB 对这 3 种方法进行仿真，得到 3 种方法的角位移、角速度、角加速度及三维轨迹，分析 3 种方法的轨迹，得出 4-3-4 方法最优。其次，针对 4-3-4、3-5-3、4-5-4 分段多项式插值方法的不足，提出了用 4-3-3-4 分段多项式插值实现 Delta 并联机器人的轨迹规划，仿真结果表明，与 4-3-4 分段多项式插值相比，4-3-3-4 分段多项式插值在优化时间路径和调整避障高度柔性方面具有更好的性能。再次，为了进一步优化在最大速度和最大加速度约束下的 4-3-3-4 分段多项式插值的轨迹规划时间，提出了一种改进的粒子群优化算法，用于 Delta 并联机器人的时间最优轨迹规划。最后，通过仿真结果及优化前后的时间对比表明，优化后大大缩短了 Delta 并联机器人 4-3-3-4 分段多项式插值的空间轨迹时间，进一步提高了生产效率。

第4章　Delta 并联机器人控制系统设计

Delta 并联机器人的控制可以分为两类控制：一类为运动学控制，忽略了机器人的向心力、科里奥利力和各种扰动，直接通过轨迹规划给定的旋转角度，控制伺服电动机旋转相应的角度，主要应用在控制要求较低的低速运行的并联机器人中；另一类为动力学控制，在高速运动下，如果忽略机器人向心力、科里奥利力和各种扰动，将造成机器人精度下降、机器关节抖振等问题，因此设计好动力学控制方法，能够提高机器人系统的动态响应性，有效控制在高速运动下的各种力及干扰，实现机器人高速运动下的控制精度。

4.1　动力学建模

Delta 并联机器人由多支链闭链机构构成，动力学模型直接推导是比较复杂的，并联机器人动力学建模主要有以下方法：牛顿-欧拉法、虚功原理法、拉格朗日方程法等。对 Delta 并联机器人而言，由于其运动部件较少，这些方法的计算过程相对较为接近，由于本书不需要过多考虑对机构之间的相互作用力，因此本书选择拉格朗日方程法对 Delta 并联机器人在路径的运动规划下进行逆动力学建模，使末端动平台到达指定空间位置时计算出关节的驱动力大小。下面首先对 Delta 并联机器人动力学建模做一些简要假设，然后利用拉格朗日方程法进行动力学建模。

（1）忽略从动连杆的转动惯量。

（2）将从动臂连杆的质量虚拟分布到主动连杆（主动臂）和移动平台上，即从动连杆的一半质量分布到主动连杆上，一半质量分布到移动平台上（张利敏，2008）。

假设 Delta 并联机器人的主动臂、从动臂和移动平台的质量分别为 m_b、m_1 和 m_p，机器人关节力矩大小表示为 $\tau = \begin{bmatrix} \tau_1 & \tau_2 & \tau_3 \end{bmatrix}^T$，关节角度虚拟位移可以表示为 $\delta\theta = \begin{bmatrix} \delta\theta_1 & \delta\theta_2 & \delta\theta_3 \end{bmatrix}^T$，末端移动平台的虚拟位移表示为 $\delta P = \begin{bmatrix} \delta x & \delta y & \delta z \end{bmatrix}^T$。根据虚功原理，并在上述假设的情况下忽略 Delta 并联机器人三个关节之间的摩擦力，对机器人进行动力学建模，建立式（4-1）：

$$\tau^T \cdot \delta P + M_{Gb}^T \cdot \delta\theta + F_{Gp}^T \cdot \delta P - M_b^T \delta\theta - F_p^T \delta P = 0 \qquad (4-1)$$

式中，

$$M_{\mathrm{Gb}} = \left(\frac{1}{2}m_{\mathrm{b}} + m_1\right)gL_1I\left[\cos\theta_1 \quad \cos\theta_2 \quad \cos\theta_3\right]^{\mathrm{T}} \tag{4-2}$$

M_{Gb} 是主动臂所受重力产生的力矩矢量；g 表示重力加速度；I 表示一个 3×3 的单位矩阵；L_1 为主动臂长度。

$$F_{\mathrm{Gp}} = \begin{bmatrix} 0 & 0 & -(m_{\mathrm{p}} + 3m_1)g \end{bmatrix}^{\mathrm{T}} \tag{4-3}$$

F_{Gp} 是末端移动平台所受重力矢量。

$$M_{\mathrm{b}} = \hat{I}_{\mathrm{b}}\ddot{\theta} = \hat{I}_{\mathrm{b}}\begin{bmatrix} \ddot{\theta}_1 & \ddot{\theta}_2 & \ddot{\theta}_3 \end{bmatrix}^{\mathrm{T}} \tag{4-4}$$

M_{b} 是由关节驱动器作用于主动臂而产生的关节力矩，$\hat{I}_{\mathrm{b}} = \left(\dfrac{1}{3}m_{\mathrm{b}}L_1^2 + m_1L_1^2\right)I$ 表示主动臂的惯性张量矩阵。

$$F_{\mathrm{p}} = \hat{M}\ddot{P} = \left(m_{\mathrm{p}} + 3m_1\right)I\begin{bmatrix} \ddot{x} & \ddot{y} & \ddot{z} \end{bmatrix}^{\mathrm{T}} \tag{4-5}$$

F_{p} 是末端移动平台所受的惯性力矩矢量。

机器人关节空间角速度与末端移动平台移动速度的关系写成如下形式：

$$\delta P = J^{-1}\delta\theta \tag{4-6}$$

将式（4-6）代入式（4-1）中，消去 δP 项有

$$\left(\tau^{\mathrm{T}} + M_{\mathrm{Gb}}^{\mathrm{T}} + F_{\mathrm{Gp}}^{\mathrm{T}}J^{-1} - M_{\mathrm{b}}^{\mathrm{T}} - F_{\mathrm{p}}^{\mathrm{T}}J^{-1}\right)\delta\theta = 0$$
$$\tau = M_{\mathrm{b}} + \left(J^{-1}\right)^{\mathrm{T}}F_{\mathrm{p}} \tag{4-7}$$

式（4-7）表示总的力矩在虚位移 $\delta\theta$ 下所做的虚功为零，从而有

$$\tau = M_{\mathrm{b}} + \left(J^{-1}\right)^{\mathrm{T}}F_{\mathrm{p}} - M_{\mathrm{Gb}} - \left(J^{-1}\right)^{\mathrm{T}}F_{\mathrm{Gp}} = \hat{I}_{\mathrm{b}}\ddot{\theta} + \left(J^{-1}\right)^{\mathrm{T}}F\hat{M}_{\mathrm{p}}\ddot{\theta} - M_{\mathrm{Gb}} - \left(J^{-1}\right)^{\mathrm{T}}F_{\mathrm{Gp}} \tag{4-8}$$

对式（4-6）求导得

$$\ddot{P} = J^{-1}\ddot{\theta} + \dot{J}^{-1}\dot{\theta} \tag{4-9}$$

将式（4-9）代入式（4-8）中并化简，得到 Delta 并联机器人的动力学方程为

$$M(\theta)\ddot{\theta} + C(\theta,\dot{\theta})\dot{\theta} + G(\theta) = \tau \tag{4-10}$$

在式（4-10）中加入摩擦力和扰动，可得

$$M(\theta)\ddot{\theta} + C(\theta,\dot{\theta})\dot{\theta} + G(\theta) + F(\dot{\theta}) + \tau_{\mathrm{d}} = \tau \tag{4-11}$$

式中，$\theta \in R^n$ 为 Delta 并联机器人三个关节的主动臂旋转角度；$M(\theta) \in R^{n\times n}$ 为机器人的惯性矩阵；$C(\theta,\dot\theta)$ 为离心力与科里奥利力；$G(\theta) \in R^n$ 为重力；$F(\dot\theta) \in R^n$ 为摩擦力；τ_d 为干扰项。

式（4-11）可转换为

$$\ddot\theta = -M^{-1}C(\theta,\dot\theta)\dot\theta - M^{-1}G(\theta) - M^{-1}F(\dot\theta) - M^{-1}(\theta)\tau_d + M^{-1}\tau \qquad (4\text{-}12)$$

4.2　动力学控制方案

4.2.1　基于 PID 控制的方案

基于 PID 控制的 Delta 并联机器人控制如图 4-1 所示，经轨迹规划后，给出三个关节的运行角位移 θ_d、角加速度 $\dot\theta_d$，以末端位置的角位移 θ_i、角加速度 $\dot\theta_i$ 为反馈，利用角位移、角加速度的偏差进行控制，称为 PID 控制。该方法不考虑每个关节的关联与耦合，完全决定于 PID 参数的选取，控制效果较差。

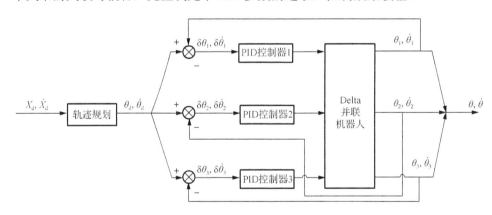

图 4-1　基于 PID 控制的 Delta 并联机器人控制

4.2.2　自抗扰控制的方案

Delta 并联机器人机械结构较复杂，三个关节之间相互耦合，其控制结构如图 4-2 所示，图中，$X_1(s)$、$X_2(s)$、$X_3(s)$ 为系统的三个输入，$Y_1(s)$、$Y_2(s)$、$Y_3(s)$ 为系统的三个输出，当改变任意一个输入 $X_i(s)$，$Y_i(s)$ 随之改变，其余两个输入也随之改变。所以要实现 Delta 并联机器人轨迹跟踪控制，需要三个关节同时输入，且相互解耦控制。

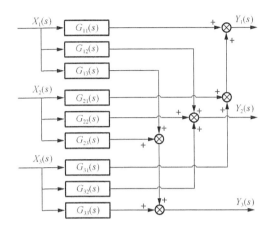

图 4-2　Delta 并联机器人控制系统结构

　　并联机器人在运行时，各关节上分解的负载随着位姿变换与角加速度的改变而呈非线性走势，无法线性表达。因此对于高速度、高精度控制系统来说，PID控制无法达到要求。针对 Delta 并联机器人的运动要求及非线性特征，本章分别采用 PID 控制和线性自抗扰控制策略进行控制，采用不同输入信号，验证两种控制策略的轨迹跟踪。线性自抗扰控制策略如图 4-3 所示，其中 LADRC 是线性自抗扰控制（linear active disturbance rejection control）。线性自抗扰控制策略具有强鲁棒性，因为动力学建模时，省略了很多不定因素，在实际控制中，这些都是控制的不定因素，而线性自抗扰控制策略不依赖于动力学模型的建立，从而规避了并联机器人动力学模型的误差问题，其控制思想为单独对各关节进行控制，将各关节之间的耦合参数、建模时省略的因素以及实际运行中的扰动都统一处理为干扰进行补偿，最终实现 Delta 并联机器人高精度轨迹跟踪的控制。

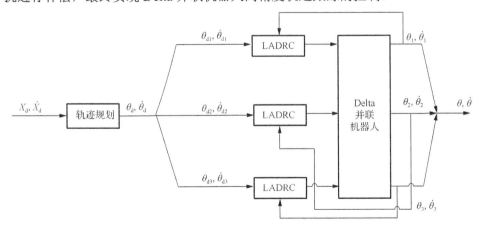

图 4-3　基于线性自抗扰控制的 Delta 并联机器人控制

4.2.3　线性自抗扰控制器

为了解决 Delta 并联机器人三个关节之间的强耦合，实现更好的轨迹跟踪控制，需对机器人动力学模型进行解耦。近年来，解耦方面取得很多成果，但是解耦计算较复杂，需花费大量时间。经过探索，本书把线性自抗扰控制策略应用到 Delta 并联机器人动力学控制中，对三个关节之间的耦合和内外部扰动进行观测和补偿，以实现解耦控制。自抗扰控制方法拥有良好的性能，主要体现在滤波、抗扰方面。近年来，自抗扰方面取得很多成果（李海生和朱学峰，2004；刘丁等，2006；张谦，2007；张兆靖，2007；史永丽等，2008），成果证明自抗扰技术对于解决一类不确定性、非线性、强耦合多变量系统有着较好的控制效果。自抗扰控制在推广中因其控制器整定参数较多，使用较复杂，一定程度上制约了发展。自抗扰控制（杨永刚，2008）主要是将扩张状态观测器和误差反馈组合控制器均线性处理，这样便于利用频域方法进行稳定性分析。参数整定简单、抗干扰能力强的优点使线性自抗扰控制得到更大范围的推广，取得了比较多的成果（张荣，2002；Gao，2003；袁东等，2013；陈增强等，2017；金辉宇等，2018；Liu et al.，2018；李鹏威，2019；Liu et al.，2019）。

4.2.4　系统控制器的设计

Delta 并联机器人的动力学方程（式（4-12））可转换为

$$\ddot{\theta} = -a_1\dot{\theta} - a_2\theta + f_0(\theta,\dot{\theta},\omega,t) + bu \qquad (4\text{-}13)$$

式中，u 为系统输入；θ 为系统输出；$-a_1\dot{\theta} - a_2\theta$ 为对象已知建模动态；$f_0(\theta,\dot{\theta},\omega,t)$ 为对象未知建模动态及外部干扰之和；b 为不确定控制增益。b_0 为不确定控制增益 b 的近似值，$f(\theta,\dot{\theta},\omega,t) = f(\cdot) - a_1\dot{\theta} - a_2 y + f_0(\theta,\dot{\theta},\omega,t) + (b-b_0)u$ 称为总和扰动。

令 $x_1 = \theta$，$x_2 = \dot{\theta}$，$x_3 = f(\cdot)$，则式（4-13）所示二阶对象的状态方程可写为

$$\begin{cases} \dot{x}_1 = x_2 \\ \dot{x}_2 = x_3 + b_0 u \\ \dot{x}_3 = \dot{f} \end{cases} \qquad (4\text{-}14)$$

针对式（4-14）设计线性扩张状态观测器（linear extended state observer，LESO）如下：

$$\begin{cases} e = z_1 - y \\ \dot{z}_1 = z_2 - \beta_1 f_1(e) \\ \dot{z}_2 = z_3 - \beta_2 f_2(e) + b_0 u \\ \dot{z}_3 = -\beta_3 f_3(e) \end{cases} \qquad (4\text{-}15)$$

$$u = \frac{-z_3 + u_0}{b_0} \tag{4-16}$$

式中，e 为误差项；z_i 为观测器的状态向量，$f_i(e) = e = z_i - \theta$（$i = 1, 2, 3$）。选取合适的观测器增益 β_1、β_2、β_3，线性扩张状态观测器能实现对系统（4-15）中各变量的实时跟踪，即 $z_1 = \theta$，$z_2 = \dot{\theta}$，$z_3 = f(\cdot)$。

线性控制律为

$$u_0 = k_p(v - z_1) + k_d(\dot{v} - z_2) \tag{4-17}$$

式中，k_p 是比例系数；k_d 是微分系数；v 为给定值。由式（4-15）可得

$$z_1 = \frac{\beta_1 s^2 + \beta_2 s + \beta_3}{s^3 + \beta_1 s^2 + \beta_2 s + \beta_3}\theta + \frac{b_0 s}{s^3 + \beta_1 s^2 + \beta_2 s + \beta_3}u$$

$$z_2 = \frac{(\beta_2 s + \beta_3)s}{s^3 + \beta_1 s^2 + \beta_2 s + \beta_3}\theta + \frac{b_0(s + \beta_1)s}{s^3 + \beta_1 s^2 + \beta_2 s + \beta_3}u$$

$$z_3 = \frac{\beta_3 s^2}{s^3 + \beta_1 s^2 + \beta_2 s + \beta_3}\theta - \frac{b_0 \beta_3}{s^3 + \beta_1 s^2 + \beta_2 s + \beta_3}u$$

由线性控制律（式（4-17））可得

$$u_0 = \frac{1}{b_0}\left(k_p(v - z_1) + k_d(\dot{v} - z_2) - z_3\right) \tag{4-18}$$

将 z_1、z_2、z_3 代入式（4-18）中，可得

$$u = \frac{1}{b_0}\frac{s^3 + \beta_1 s^2 + \beta_2 s + \beta_3}{s^3 + (\beta_1 + k_d)s^2 + (\beta_2 + k_p + k_d \beta_1)s}((k_p + k_d s)v$$
$$- \frac{(k_p \beta_1 + k_d \beta_2 + \beta_3)s^2 + (k_p \beta_2 + k_d \beta_3)s + k_p \beta_3}{s3 + \beta_1 s^2 + \beta_2 s + \beta_3}) \tag{4-19}$$

1. 稳定性分析

由式（4-19）可得单闭环结构图如图 4-4 所示。

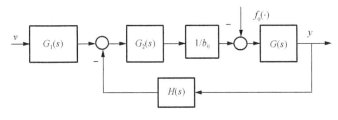

图 4-4　单闭环结构图

图中，

$$G_1(s) = k_p + k_d s \tag{4-20}$$

$$G_2(s) = \frac{s^3 + \beta_1 s^2 + \beta_2 s + \beta_3}{s^3 + (\beta_1 + k_d)s^2 + (\beta_2 + k_p + k_d \beta_1)s} \tag{4-21}$$

$$H(s) = \frac{(k_p \beta_1 + k_d \beta_2 + \beta_3)s^2 + (k_p \beta_2 + k_d \beta_3)s + k_p \beta_3}{s^3 + \beta_1 s^2 + \beta_2 s + \beta_3} \tag{4-22}$$

由结构图可得闭环传递函数为

$$G_b(s) = \frac{\dfrac{G_1(s)G_2(s)G(s)}{b_0}}{1 + \dfrac{G_2(s)G(s)}{b_0}H(s)} \tag{4-23}$$

1）被控对象精确已知

由上面论述可知，并联机器人在省略转动惯量、关节之间摩擦力的基础上，建立了动力学模型（式（4-12）），因此认为模型是已知的。

定理：当被控对象模型精确已知，微分跟踪器不影响系统稳定性，仅影响系统零点，合理选择 b_0、k_p、k_d、β_1、β_2 和 β_3 可使系统稳定。

证明：若对象模型精确已知，其传递函数为

$$G(s) = \frac{k_0}{s^2 + a_1 s + a_2} \tag{4-24}$$

将式（4-20）～式（4-22）及式（4-24）代入式（4-23）可得

$$G_b(s) = \frac{(k_p + k_d s)(s^3 + \beta_1 s^2 + \beta_2 s + \beta_3)k_0}{\begin{array}{c} b_0((s^3 + (\beta_1 + k_d)s^2 + (\beta_2 + k_p + k_d \beta_1)s)(s^2 + a_1 s + a_2)) \\ + k_0((k_p \beta_1 + k_d \beta_2 + \beta_3)s^2 + (k_p \beta_2 + k_d \beta_3)s + k_p \beta_3) \end{array}} \tag{4-25}$$

闭环特征方程为

$$\begin{aligned} D(s) = &\, b_0 s^5 + b_0(\beta_1 + k_d + a_1)s^4 + b_0(\beta_2 + k_p + k_d \beta_1 + a_1(\beta_1 + k_d) + a_2)s^3 \\ &+ (b_0 a_1(\beta_2 + k_p + k_d \beta_1) + b_0 a_2(\beta_1 + k_d) + k_0(k_p \beta_1 + k_d \beta_2 + \beta_3))s^2 \\ &+ (b_0 a_2(\beta_2 + k_p + k_d \beta_1) + k_0(k_p \beta_2 + k_d \beta_3))s + k_0 k_p \beta_3 \end{aligned} \tag{4-26}$$

令

$$D_0 = b_0 , \quad D_1 = b_0(\beta_1 + k_d + a_1) , \quad D_2 = b_0(\beta_2 + k_p + k_d\beta_1 + a_1\beta_1 + a_1k_d + a_2)$$

$$D_3 = b_0 a_1(\beta_2 + k_p + k_d\beta_1) + b_0 a_2(\beta_1 + k_d) + k_0(k_p\beta_1 + k_d\beta_2 + \beta_3)$$

$$D_4 = b_0 a_2(\beta_2 + k_p + k_d\beta_1) + k_0(k_p\beta_2 + k_d\beta_3)$$

$$D_5 = k_0 k_p \beta_3$$

可得

$$B_{31} = \frac{D_1 D_2 - D_0 D_3}{D_1} , \quad B_{32} = \frac{D_1 D_4 - D_0 D_5}{D_1} , \quad B_{41} = \frac{B_{31} D_3 - D_1 B_{32}}{B_{31}} , \quad B_{42} = D_5$$

$$B_{51} = \frac{B_{41} B_{32} - B_{31} D_5}{B_{41}} , \quad B_{51} = D_5$$

证毕。

2）对象模型参数未知

Delta 并联机器人在高速运行时省略转动惯量、关节之间的摩擦力的作用是不行的，如果不考虑，将会使系统在运行过程中发生抖振，最终破坏系统的稳定性和轨迹跟踪的性能。故线性自抗扰控制策略在设计时，把这些考虑为系统的模型参数未知。

其稳定性证明如下：设对象的标称模型为 G_n ，则实际对象 $G(s) = G_n(1 + \delta G(s))$ ， δG 为标称模型的摄动量，且满足 $|\delta G(\mathrm{j}\omega)| \leqslant \overline{\delta G(\omega)}$ ， $\overline{\delta G(\omega)}$ 是乘法范数，有界且具有不确定性。

由闭环特征方程 $1 + G_2(s) \dfrac{1}{b_0} G(s) H(s) = 0$ ，则

$$1 + G_2(s) \frac{1}{b_0} G_n(s)(1 + \delta G) H(s) = 0 \tag{4-27}$$

根据鲁棒稳定判据，对任意 ω ，其满足式（4-27）：

$$b_0 + G_2(s) G_n(s) H(s) + G_2(s) G_n(s) H(s) \delta G(s) = 0$$

$$\overline{\delta G(\omega)} < \Delta G(\omega) = \left| \frac{b_0 + G_2(s) G_n(s) H(s)}{G_2(s) G_n(s) H(s)} \right| \tag{4-28}$$

可使系统稳定。

可见，适当选取 b_0 、 k_p 、 k_d 、 β_1 、 β_2 和 β_3 可保证系统稳定，且具有一定鲁棒性。

由上面的稳定性证明可知，线性自抗扰控制能够实现 Delta 并联机器人的轨迹跟踪的动力学控制，且在高速运行时，模型的不定因素不会影响系统的稳定性。

2. Delta 并联机器设计

二阶系统线性自抗扰控制策略的控制器结构图如图 4-5 所示。

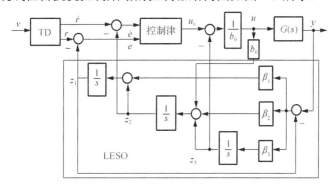

图 4-5　二阶系统线性自抗扰控制策略的控制器结构图

由图 4-5 可知，线性自抗扰控制器只需设置好 β_1、β_2 和 β_3，线性扩张状态观测器稳定条件是 β_1、β_2 和 β_3 均大于零，且 $\beta_1\beta_2 > \beta_3$。

由图 4-2 可知，$X_1(s)$、$X_2(s)$、$X_3(s)$ 为系统的三个输入，$Y_1(s)$、$Y_2(s)$、$Y_3(s)$ 为系统的三个输出，当任意一个输入 $X_i(s)$ 改变，输出 $Y_i(s)$ 均改变，且改变另两个输入 $X_i(s)$。Delta 并联机器人被当作三个输入、三个输出相互之间量耦合的系统，其可构建为

$$\begin{cases} Y_1(s) = G_{11}(s)X_1(s) + G_{12}(s)X_2(s) + G_{13}(s)X_3(s) \\ Y_2(s) = G_{21}(s)X_1(s) + G_{22}(s)X_2(s) + G_{23}(s)X_3(s) \\ Y_3(s) = G_{31}(s)X_1(s) + G_{32}(s)X_2(s) + G_{33}(s)X_3(s) \end{cases} \quad （4\text{-}29）$$

综合式（4-13）、式（4-29）可得式（4-30），则 Delta 并联机器人系统方程化为

$$\begin{cases} \ddot{\theta}_1 = f_1(\theta_1, \dot{\theta}_1, u_1(t), t) + k_1 u_1 \\ \ddot{\theta}_2 = f_2(\theta_2, \dot{\theta}_2, u_2(t), t) + k_2 u_2 \\ \ddot{\theta}_3 = f_3(\theta_3, \dot{\theta}_3, u_3(t), t) + k_3 u_3 \end{cases} \quad （4\text{-}30）$$

式中，$f_1(\theta_1, \dot{\theta}_1, \mu_1(t), t)$、$f_2(\theta_2, \dot{\theta}_2, \mu_2(t), t)$、$f_3(\theta_3, \dot{\theta}_3, \mu_3(t), t)$ 为等效综合扰动，它们是驱动三个主动臂的轴之间的耦合项、高速运动时不确定项及现场各种扰动项的综合函数。

控制结构框图如图 4-6 所示。

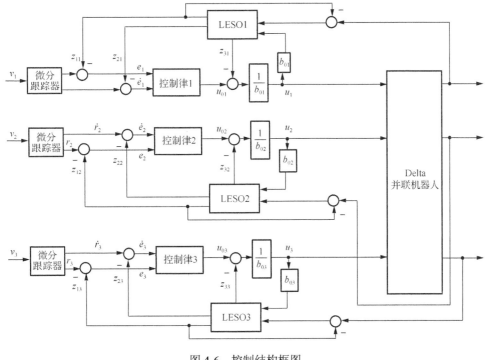

图 4-6　控制结构框图

4.3　控制系统的设计与仿真

4.3.1　仿真模型设计

实验中机器人的标称参数如表 4-1 所示。

表 4-1　Delta 并联机器人的仿真参数

参数	数值
伺服电动机额定输出功率	750W
伺服电动机额定转速	3000r/min
伺服电动机额定转矩	2.39N·m
伺服电动机转动惯量	1.59×10^{-4}kg·m^2
减速比	20：1
主动臂质量	2.35kg
从动臂质量	0.9kg
主动臂长度	400mm
从动臂长度	1000mm

为了使仿真模型与实验平台尽量一致，设计仿真实验模型如图 4-7 所示。图中，输入部分 1、3、5 为机器人输入信号 1、2、3，2、4、6 为机器人扰动输入信号 1、2、3；输出部分 1、2、3 为机器人 X、Y、Z 坐标输出。

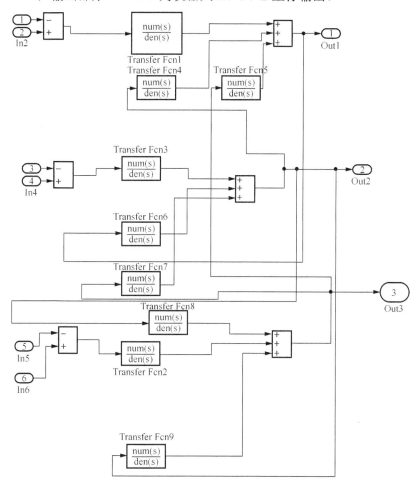

图 4-7　Delta 并联机器人仿真模型

4.3.2　两种控制方法对比仿真

Delta 高速并联机器人控制系统分别采用 PID 控制和线性自抗扰控制策略进行实验，PID 控制仿真模型如图 4-8 所示，线性自抗扰控制仿真模型如图 4-9 所示。实验分别设置了直线、圆形、8 字形等轨迹，对于每一种轨迹，首先验证无扰动情况，接着验证不同扰动情况；控制中为了更好地验证控制效果，去除了机器人的角度限制、时间（速度）限制和空间限制。

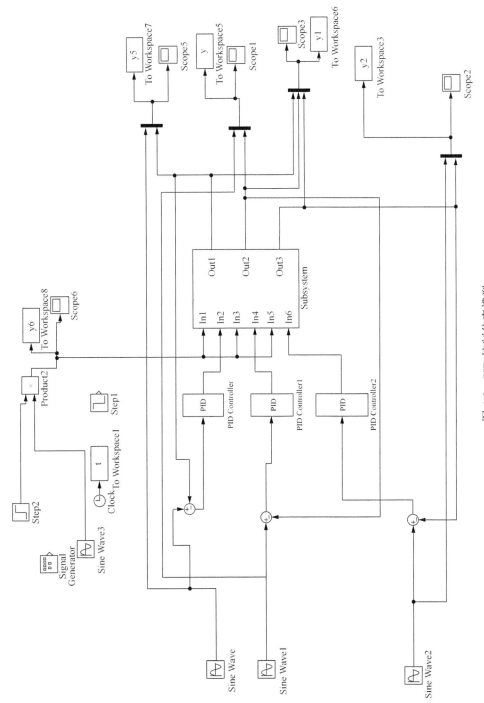

图 4-8　PID 控制仿真模型

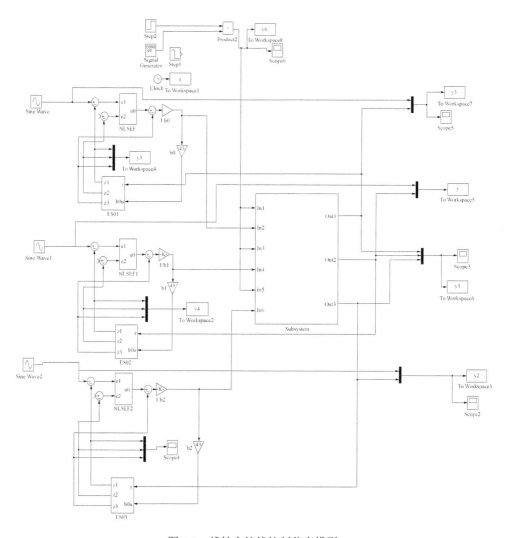

图 4-9　线性自抗扰控制仿真模型

实验一：直线轨迹输入。

Delta 并联机器人起始点空间坐标为(0, 0, 550)，中间点空间坐标为(200, 200, 750)，Delta 并联机器人沿这两点做直线运动。Delta 并联机器人系统中未加入扰动。

方案一：采用 PID 控制，选取参数 $P=5$，$I=5$，$D=1$，得到轨迹跟踪控制仿真曲线如图 4-10 所示。

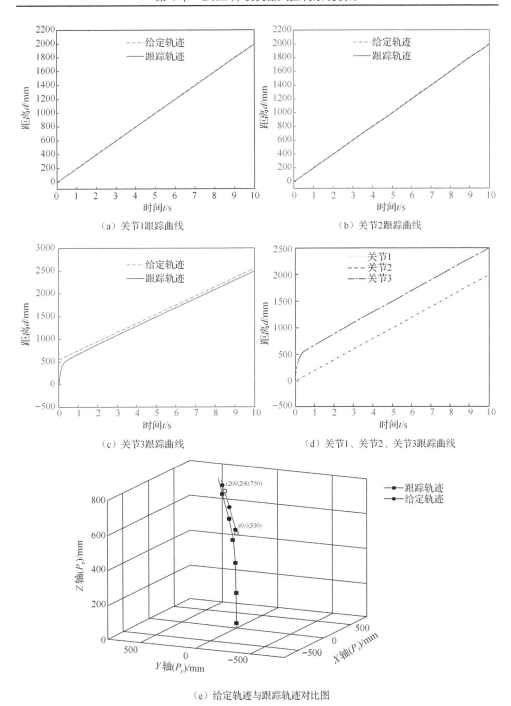

（a）关节1跟踪曲线

（b）关节2跟踪曲线

（c）关节3跟踪曲线

（d）关节1、关节2、关节3跟踪曲线

（e）给定轨迹与跟踪轨迹对比图

图 4-10　直线给定轨迹无扰动 PID 控制波形图

方案二:采用线性自抗扰控制策略进行控制,线性扩张状态观测器参数 $\beta_1 = 1$,$\beta_2 = 65000$, $\beta_3 = 600$,得到轨迹跟踪控制仿真曲线如图 4-11 所示。

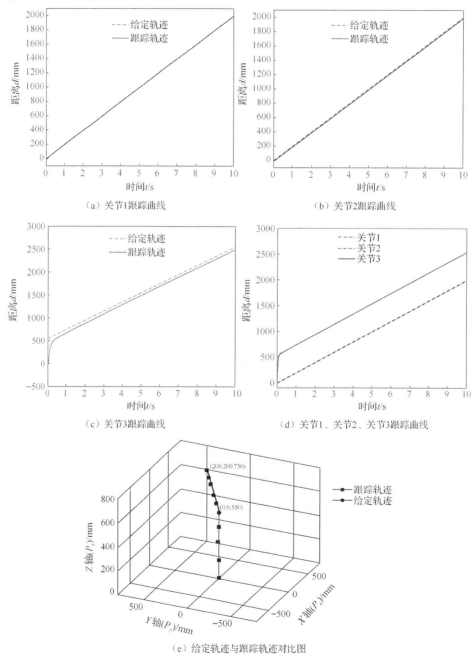

图 4-11   直线给定轨迹无扰动线性自抗扰控制波形图

对比图 4-10 和图 4-11 可知，采用 PID 控制，由于三个关节相互耦合，最终直线轨迹有一定的误差。而采用线性自抗扰控制策略进行控制，三个关节输出控制与给定控制完全跟随，三维空间中直线完全重合。验证了采用线性自抗扰控制实现三个关节的解耦控制，能够满足直线轨迹控制的需求。

实验二：圆形轨迹输入，输入中无扰动。

设定 Delta 并联机器人的跟踪轨迹为半径 250mm 的圆周。关节 1、关节 2、关节 3 运动给定轨迹分别为

$$\begin{cases} x_1 = 500\sin(t+\pi) \\ x_2 = 500\sin(t+\dfrac{\pi}{2}) \\ x_3 = 500\sin(t+\dfrac{3}{2}\pi) \end{cases} \qquad (4\text{-}31)$$

方案一：采用 PID 控制，选取参数 $P=5$，$I=5$，$D=1$，得到轨迹跟踪控制仿真曲线如图 4-12 所示。

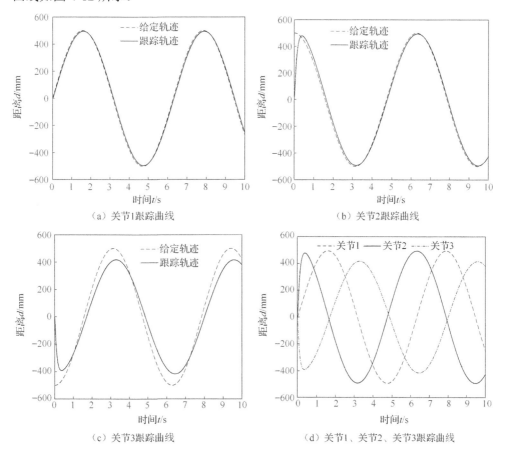

（a）关节1跟踪曲线　　　　　　　（b）关节2跟踪曲线

（c）关节3跟踪曲线　　　　　　　（d）关节1、关节2、关节3跟踪曲线

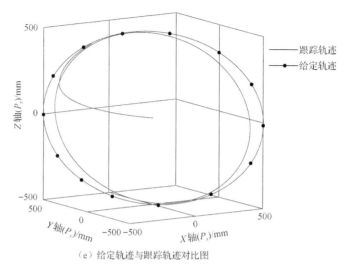

（e）给定轨迹与跟踪轨迹对比图

图 4-12　圆形轨迹给定无扰动 PID 控制跟踪波形图

方案二：采用线性自抗扰控制策略进行控制，线性扩张状态观测器参数 $\beta_1 = 1$，$\beta_2 = 65000$，$\beta_3 = 600$，得到轨迹跟踪控制仿真曲线如图 4-13 所示。

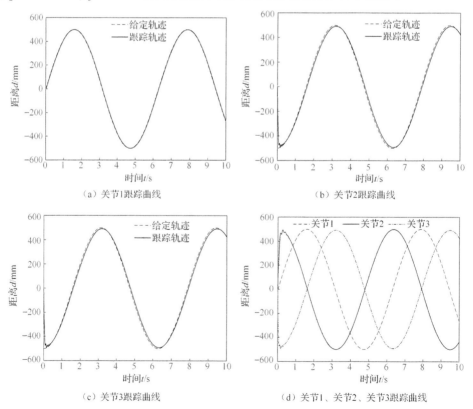

（a）关节1跟踪曲线

（b）关节2跟踪曲线

（c）关节3跟踪曲线

（d）关节1、关节2、关节3跟踪曲线

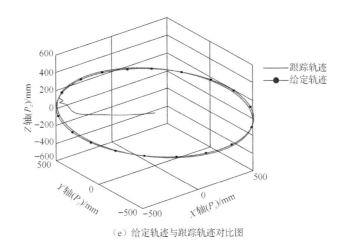

（e）给定轨迹与跟踪轨迹对比图

图 4-13　圆形轨迹给定无扰动线性自抗扰控制跟踪波形图

对比图 4-12 和图 4-13 可知，采用 PID 控制，由于三个关节相互耦合，最终三维轨迹是圆形，但是与给定轨迹有一定的误差，其中三个关节的给定控制只有关节 1 控制尚可，其余关节累计误差越来越大。而采用线性自抗扰控制策略控制，三个关节输出控制与给定控制完全跟随，三维空间中圆形轨迹完全重合，其中关节 2、关节 3 在开始阶段略有点振荡，但很快进入跟随。验证了采用线性自抗扰控制实现三个关节的解耦控制，能够满足圆形轨迹控制的需求，实现了三个关节的解耦控制。

实验三：圆形轨迹输入，5s 后加入三角波扰动。

为验证控制器针对圆形轨迹输入的鲁棒性，在机器人运行到 5s 时加入一幅值为 500mm、周期为 0.1Hz 的三角波外部干扰。

方案一：采用 PID 控制，选取参数 $P=5$，$I=5$，$D=1$，得到圆形轨迹给定三角波扰动 PID 控制轨迹跟踪波形图如图 4-14 所示。

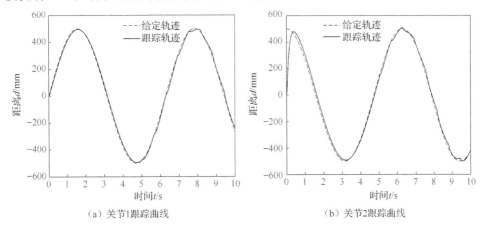

（a）关节1跟踪曲线　　　　　　　　　　　　（b）关节2跟踪曲线

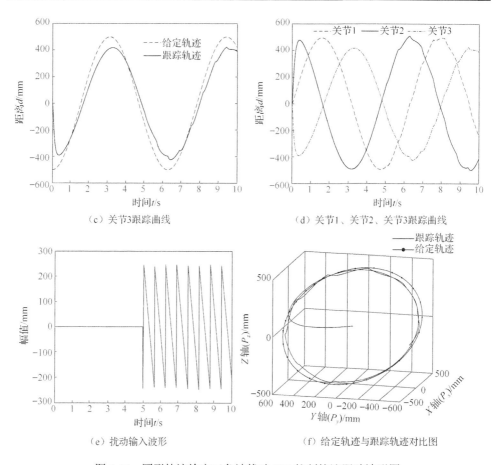

（c）关节3跟踪曲线 （d）关节1、关节2、关节3跟踪曲线

（e）扰动输入波形 （f）给定轨迹与跟踪轨迹对比图

图4-14 圆形轨迹给定三角波扰动 PID 控制轨迹跟踪波形图

方案二：采用线性自抗扰控制策略进行控制，线性扩张状态观测器参数 $\beta_1 = 1$，$\beta_2 = 65000$，$\beta_3 = 600$，得到轨迹跟踪控制仿真曲线如图 4-15 所示。

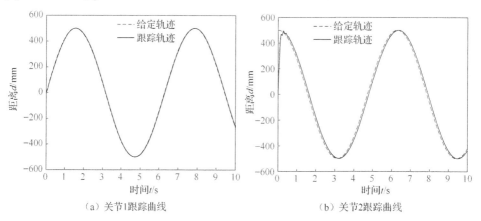

（a）关节1跟踪曲线 （b）关节2跟踪曲线

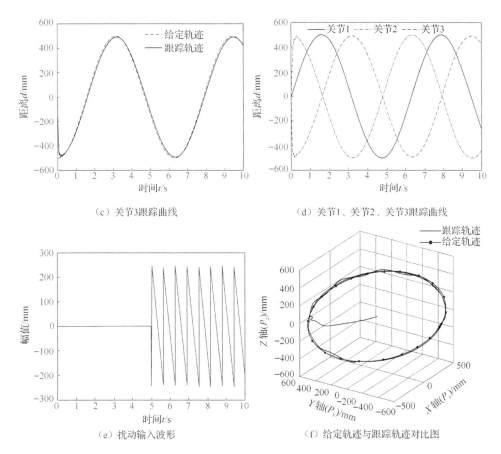

（c）关节3跟踪曲线　　　　　　　　（d）关节1、关节2、关节3跟踪曲线

（e）扰动输入波形　　　　　　　　（f）给定轨迹与跟踪轨迹对比图

图 4-15　圆形轨迹给定三角波扰动线性自抗扰控制轨迹跟踪波形图

对比图 4-14 和图 4-15 可知，由于加入的扰动幅值较大，采用 PID 控制，在三角波扰动加入后，三个关节波动很明显，三维轨迹图波动较明显。而采用线性自抗扰控制策略进行控制，在三角波扰动加入后，三个关节输出控制与给定控制完全跟随，基本看不出扰动，三维轨迹图波动也不明显。验证了采用线性自抗扰控制实现三个关节的解耦控制，针对三角波扰动具有较强的鲁棒性。

实验四：圆形轨迹输入，5s 后加入正弦波扰动。

为继续验证控制器的鲁棒性，在机器人运行到 5s 时加入一幅值为 200mm、周期为 0.1Hz 的正弦波外部干扰。

方案一：采用 PID 控制，选取参数 $P=5$，$I=5$，$D=1$，得到轨迹跟踪控制仿真曲线如图 4-16 所示。

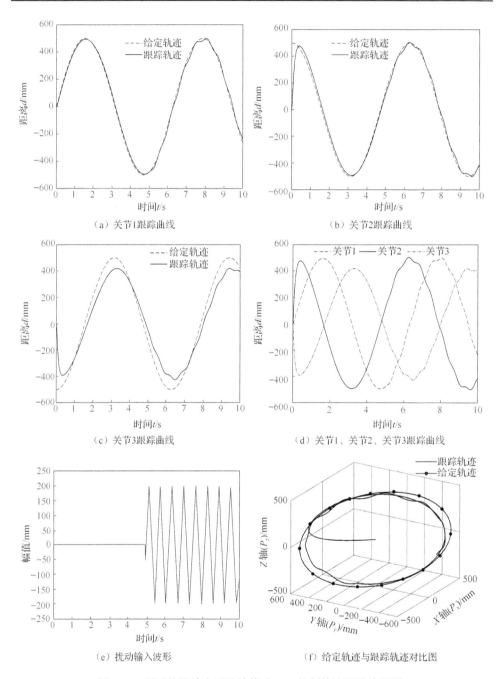

（a）关节1跟踪曲线

（b）关节2跟踪曲线

（c）关节3跟踪曲线

（d）关节1、关节2、关节3跟踪曲线

（e）扰动输入波形

（f）给定轨迹与跟踪轨迹对比图

图 4-16　圆形轨迹给定正弦波扰动 PID 控制轨迹跟踪波形图

方案二：采用线性抗扰控制策略进行控制，线性扩张状态观测器参数 $\beta_1 = 1$，$\beta_2 = 65000$，$\beta_3 = 600$，得到轨迹跟踪控制仿真曲线如图 4-17 所示。

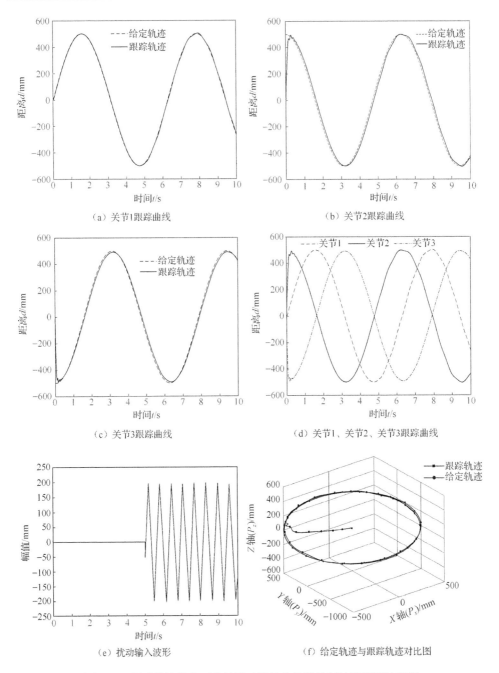

（a）关节1跟踪曲线　　　　　　　（b）关节2跟踪曲线

（c）关节3跟踪曲线　　　　（d）关节1、关节2、关节3跟踪曲线

（e）扰动输入波形　　　　（f）给定轨迹与跟踪轨迹对比图

图 4-17　圆形轨迹给定正弦波扰动线性自抗扰控制轨迹跟踪波形图

　　对比图 4-16 和图 4-17 可知，由于加入的扰动幅值较大，采用 PID 控制，在正弦波扰动加入后，三个关节波动很明显，三维轨迹图波动较明显。而采用线性

自抗扰控制策略进行控制，在正弦波扰动加入后，三个关节输出控制与给定控制完全跟随，基本看不出扰动，三维轨迹图波动也不明显。验证了采用线性自抗扰控制实现三个关节的解耦控制，针对正弦波扰动具有较强的鲁棒性。

实验五：8 字形轨迹输入，输入中无扰动。

设定 Delta 并联机器人的跟踪轨迹为 8 字形。关节 1、关节 2、关节 3 运动的给定轨迹分别为

$$\begin{cases} x_1 = t \\ x_2 = 800\sin\left(\left(0.3t + \dfrac{1}{360}\right)\pi\right) \\ x_3 = 800\sin(0.6t\pi) \end{cases} \tag{4-32}$$

方案一：采用 PID 控制，选取参数 $P=5$，$I=5$，$D=1$，得到轨迹跟踪控制仿真曲线如图 4-18 所示。

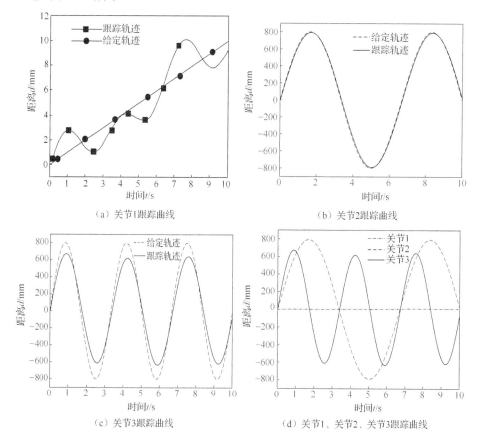

（a）关节1跟踪曲线   （b）关节2跟踪曲线

（c）关节3跟踪曲线   （d）关节1、关节2、关节3跟踪曲线

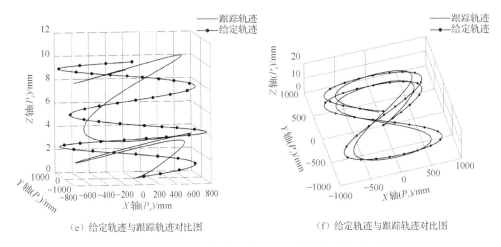

（e）给定轨迹与跟踪轨迹对比图　　　　（f）给定轨迹与跟踪轨迹对比图

图 4-18　8 字形轨迹给定无扰动 PID 控制轨迹跟踪波形图

方案二：采用线性自抗扰控制策略进行控制，线性扩张状态观测器参数 $\beta_1 = 1$，$\beta_2 = 65000$，$\beta_3 = 600$，得到轨迹跟踪控制仿真曲线如图 4-19 所示。

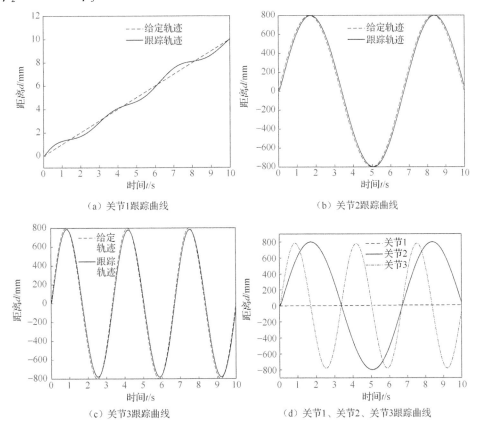

（a）关节1跟踪曲线　　　　　　　　（b）关节2跟踪曲线

（c）关节3跟踪曲线　　　　　　　　（d）关节1、关节2、关节3跟踪曲线

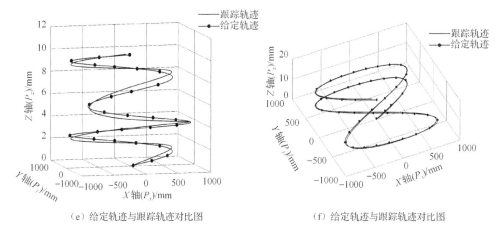

（e）给定轨迹与跟踪轨迹对比图　　　　　（f）给定轨迹与跟踪轨迹对比图

图 4-19　8 字形轨迹给定无扰动线性自抗扰控制轨迹跟踪波形图

对比图 4-18 和图 4-19 可知，采用 PID 控制，由于三个关节相互耦合，其中三个关节的给定轨迹就关节 2 控制尚可，其余关节累计误差越来越大，最终三维轨迹是 8 字形，但是与给定轨迹有一定的误差。而采用线性自抗扰控制策略进行控制，三个关节输出控制与给定控制完全跟随，其中关节 1 略有误差，三维空间中 8 字形完全重合。验证了采用线性自抗扰控制策略实现三个关节的解耦控制，能够满足 8 字形轨迹控制的需求，实现了三个关节的解耦控制。

实验六：8 字形轨迹输入，5s 后加入三角波扰动。

为验证控制器针对 8 字形轨迹输入的鲁棒性，在机器人运行到 5s 时加入三角波外部干扰，为验证抗扰性，PID 控制输入幅值为 10mm、周期为 0.1Hz 的三角波外部干扰，线性自抗扰输入幅值为 50mm、周期为 0.1Hz 的三角波外部干扰。

方案一：采用 PID 控制，选取参数 $P=5$，$I=5$，$D=1$，得到轨迹跟踪控制仿真曲线如图 4-20 所示。

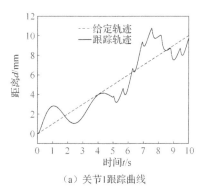

（a）关节 1 跟踪曲线

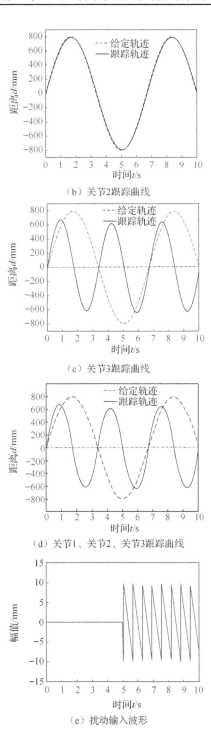

（b）关节2跟踪曲线

（c）关节3跟踪曲线

（d）关节1、关节2、关节3跟踪曲线

（e）扰动输入波形

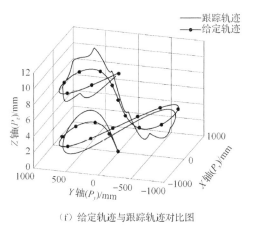

（f）给定轨迹与跟踪轨迹对比图

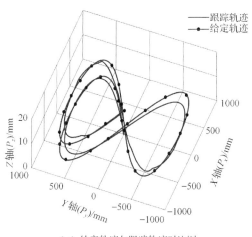

（g）给定轨迹与跟踪轨迹对比图

图 4-20　8 字形轨迹给定三角波扰动 PID 控制轨迹跟踪波形图

方案二：采用线性自抗扰控制策略进行控制，线性扩张状态观测器参数 $\beta_1 = 1$，$\beta_2 = 65000$，$\beta_3 = 600$，得到轨迹跟踪控制仿真曲线如图 4-21 所示。

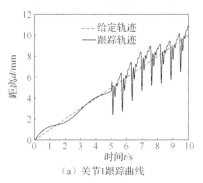

（a）关节 1 跟踪曲线

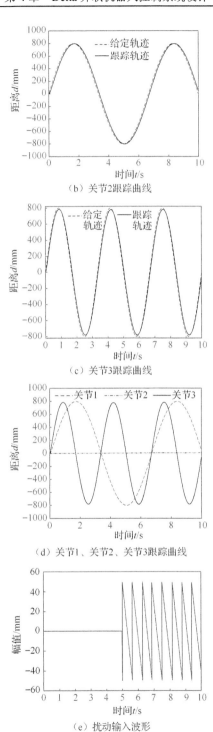

（b）关节2跟踪曲线

（c）关节3跟踪曲线

（d）关节1、关节2、关节3跟踪曲线

（e）扰动输入波形

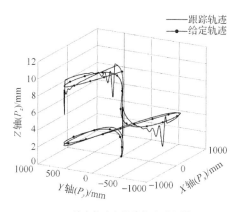

（f）给定轨迹与跟踪轨迹对比图

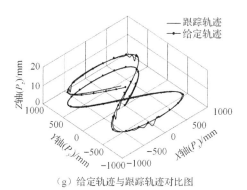

（g）给定轨迹与跟踪轨迹对比图

图 4-21　8 字形轨迹给定三角波扰动线性自抗扰控制轨迹跟踪波形图

对比图 4-20 和图 4-21 可知，采用 PID 控制，在图 4-20（a）中，由于加入的扰动幅值与给定幅值相等，在三角波扰动加入后，关节 1 受扰动干扰很大，关节控制杂乱无章；在图 4-20（b）、（c）中，由于加入的扰动幅值与给定幅值相差较大，在三角波扰动加入后，无明显变化；在图 4-20（f）、（g）中，三维轨迹图波动较明显，所控制的 8 字形轨迹具有较大振动。而采用线性自抗扰控制策略，在图 4-21（a）中，加入的扰动幅值远大于给定幅值，在三角波扰动加入后，关节 1 受扰动干扰很大，但基本形状没变；在图 4-21（b）、（c）中，由于加入的扰动幅值与给定幅值相差较大，在三角波扰动加入后，无明显变化。给定控制完全跟随，基本看不出扰动；在图 4-21（f）、（g）中，三维轨迹图波动不明显，所控制的 8 字形轨迹略有振动。验证了采用线性自抗扰控制策略实现三个关节的解耦控制，针对 8 字形输入轨迹，三角波扰动下具有较强的鲁棒性。

实验七：8 字形轨迹输入，5s 后加入正弦波扰动。

方案一：采用 PID 控制，选取参数 $P=5$，$I=5$，$D=1$，得到轨迹跟踪控制仿真曲线如图 4-22 所示。

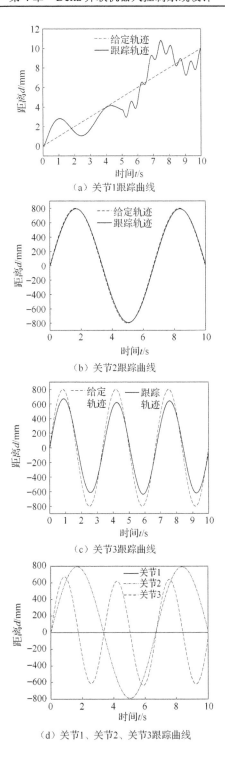

（a）关节1跟踪曲线

（b）关节2跟踪曲线

（c）关节3跟踪曲线

（d）关节1、关节2、关节3跟踪曲线

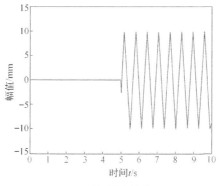

（e）扰动输入波形

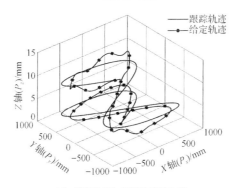

（f）给定轨迹与跟踪轨迹对比图

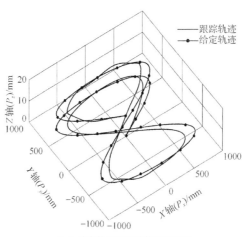

（g）给定轨迹与跟踪轨迹对比图

图 4-22 8 字形轨迹给定正弦波扰动 PID 控制轨迹跟踪波形图

方案二：采用线性自抗扰控制策略进行控制，线性扩张状态观测器参数 $\beta_1 = 1$，$\beta_2 = 65000$，$\beta_3 = 600$，得到轨迹跟踪控制仿真曲线如图 4-23 所示。

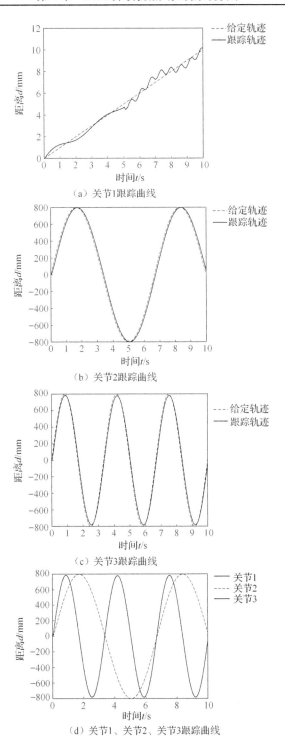

（a）关节1跟踪曲线

（b）关节2跟踪曲线

（c）关节3跟踪曲线

（d）关节1、关节2、关节3跟踪曲线

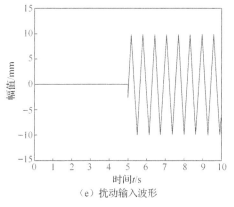

（e）扰动输入波形

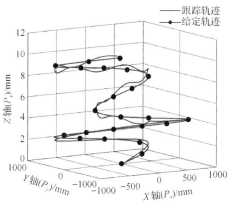

（f）给定轨迹与跟踪轨迹对比图

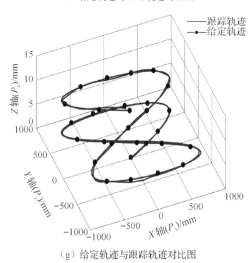

（g）给定轨迹与跟踪轨迹对比图

图 4-23　8 字形轨迹给定正弦波扰动线性自抗扰控制轨迹跟踪波形图

对比图 4-22 和图 4-23 可知，采用 PID 控制，在图 4-22（a）中，由于加入的扰动幅值与给定幅值相等，在正弦波扰动加入后，关节 1 受扰动干扰很大，关节控制杂乱无章；在图 4-22（b）、（c）中，由于加入的扰动幅值与给定幅值相差较大，在正弦波扰动加入后，无明显变化；在图 4.22（f）、（g）中，三维轨迹图波动较明显，所控制的 8 字形轨迹具有较大振动并且误差较大。而采用线性自抗扰控制策略控制，在图 4-23（a）中，由于加入的扰动幅值与给定幅值相等，在三角波扰动加入后，关节 1 受扰动干扰很大，但基本形状没变；在图 4-23（b）、（c）中，由于加入的扰动幅值与给定幅值相差较大，在三角波扰动加入后，无明显变化，给定控制完全跟随，基本看不出扰动；在图 4-23（f）、（g）中，三维轨迹图波动不明显，所控制的 8 字形轨迹略有振动。验证了采用线性自抗扰控制策略实现三个关节的解耦控制，针对 8 字形轨迹输入，三角波扰动下具有较强的鲁棒性。

综合实验一至实验七，实验中通过直线轨迹跟踪控制、圆形轨迹跟踪控制、圆形轨迹跟踪抗干扰控制、8 字形轨迹跟踪控制及 8 字形轨迹跟踪抗干扰控制，验证了线性自抗扰控制策略可以实现三个关节的解耦控制，能够实现给定轨迹精确实时跟踪，并具有良好的鲁棒性。

4.4　本 章 小 结

本章首先分析了 Delta 并联机器人动力学的数学模型。其次，本章首创性地把线性自抗扰控制策略应用到 Delta 并联机器人动力学控制中，证明了系统的稳定性。线性自抗扰控制策略控制核心是把三个关节之间的耦合、高速过程中不定因素及内外部扰动均由状态观察器进行实时观测和补偿，以实现解耦控制。最后，为验证线性自抗扰控制策略的抗干扰性，分别输入直线轨迹、圆形轨迹、8 字形轨迹及多种扰动，运用 PID 控制和线性自抗扰控制策略分别进行仿真。仿真对比分析表明，线性自抗扰控制策略应用到 Delta 并联机器人控制中，轨迹跟踪好，系统鲁棒性强。

第 5 章　Delta 并联机器人伺服系统设计

Delta 并联机器人的关节驱动采用伺服电动机驱动方式，伺服系统数学模型具有非线性、强耦合的特点。高速并联机器人的伺服系统须无超调、调节快速、抗扰能力强。因此，研究超调量小、抗干扰能力强的伺服控制系统具有重要的意义（Lin and Huang, 2002; Kamnik and Bajd, 2004; Vol, 2005; Lee, 2005; Jang et al., 2006; Lee et al., 2006; 柳成，2009; Du et al., 2018; Zhang et al., 2018; 吴公平等，2019; Zhang et al., 2019; Mesloub et al., 2020）。

5.1　关节交流永磁同步电动机驱动的数学模型

PMSM 位置伺服系统结构框图如图 5-1 所示。由线性自抗扰控制器给定的角度 θ_d^* 作为伺服控制器的位置给定，位置给定经过位置环的自动位置调节器（automatic position regulator，APR）运算、速度环的自动速度调节器（automatic speed regulator，ASR）运算、电流环 ACR 运算后，经空间电压矢量脉宽调制（space vector pulse width modulation，SVPWM）方法输出给电压逆变器，驱动永磁同步电动机（permanent magnet synchronous motor，PMSM）运转，实现机器人轨迹实时跟踪。PMSM 具有时变性、强耦合和非线性特点，所以伺服系统每个环节的设计都影响着全伺服系统的快速性及定位精度。

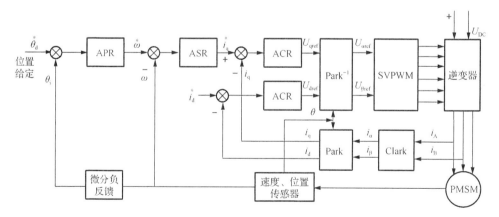

图 5-1　PMSM 位置伺服系统结构框图

5.1.1 电流环调节器的设计

伺服系统中，要求内环电流环具有快速的动态响应，且在动态响应过程中不能出现过度超调。在伺服运行时，负载突然增加，电流环的转矩输出不应该有超调或超调越小越好，因此需要把电流环校正成典型 I 系统。转矩是通过控制 i_q^* 实现的，励磁磁通通过电流环 $i_d = 0$ 的控制方式实现，于是可以得到基于矢量控制的永磁同步电动机伺服系统总体结构图（图 5-2）。

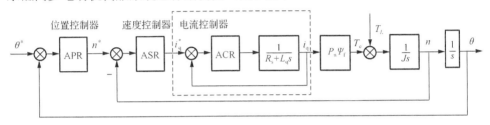

图 5-2 基于矢量控制的永磁同步电动机伺服系统总体结构图

由图 5-2 可知，要得到高性能高精度控制的伺服性能，位置、速度、电流环设计优化必不可少，其中关键之一是系统内环的优化。系统内环的优化决定了系统外环性能的良好发挥，所以无论从提高系统精度和响应速度方面，还是改善系统性能的角度方面，设计一个好的电流环具有重要意义。电流环是通过控制 i_q^* 实现电动机的转矩矢量控制，伺服系统进入稳态后，不能因为负载的突变而出现超调。电流环的动态响应是保障系统的重要一环，为了避免伺服驱动的机器人关节出现抖动，本节把电流环校正成典型 I 系统，其控制框图如图 5-3 所示。

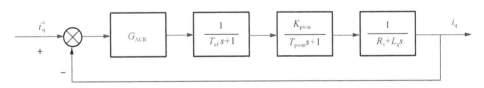

图 5-3 电流环校正成典型 I 结构框图

图中，G_{ACR} 为电流反馈系数；T_{cf} 为电流反馈时间常数；K_{pwm} 为逆变器放大系数；T_{pwm} 为逆变器时间常数；R_s 为 PMSM 电枢绕组电阻；L_q 为 PMSM 电枢绕组电感；i_q^* 为电流环的转矩给定值，即转速环的输出；i_q 为电流环的实际运行值。本节将电流检测滤波环节和逆变器环节近似处理为一个惯性滤波环节，其等效时间常数为

$$T_1 = T_{cf} + T_{pwm} \qquad (5-1)$$

设 $T_m = \dfrac{L_q}{R_s}$ 为电磁时间常数，在满足上述条件后，电流环控制简化结构框图如图 5-4 所示。

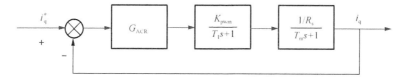

图 5-4　电流环控制简化结构框图

从图 5-4 可知，伺服系统电流调节器控制对象的传递函数为

$$G_o(s) = \frac{K_{pwm} / R_s}{(T_1 s + 1)(T_m s + 1)} \tag{5-2}$$

设计电流环的调节器采用 PI 调节器，其传递函数为

$$G_{ACR}(s) = K_i \frac{\tau_i s + 1}{\tau_i s} \tag{5-3}$$

式中，K_i 为调节器的比例系数；τ_i 为调节器的积分时间常数，为使电流调节器的零点与控制对象的大时间常数极点对消，选择 $\tau_i = T_m$。由图 5-3 可得出电流环的开环传递函数为

$$G_{io}(s) = G_{ACR}(s) \cdot G_o(s) = \frac{K_i K_s / R_s}{\tau_i s(T_1 s + 1)} = \frac{K}{s(T_1 s + 1)} \tag{5-4}$$

式中，$K = \dfrac{K_i K_s}{R_s \tau_i}$，$K_s = K_{pwm}$，即 $K_i = \dfrac{K R_s \tau_i}{K_s}$，在超调量 $\sigma\% \leqslant 5\%$ 时，可取阻尼比 $\xi = 0.707$，$KT = 0.5$，因此 $K = 1/2T$，从而得 $K_i = \dfrac{R_s T_m}{2 K_s T_1}$。

5.1.2　速度环调节器的设计

内环电流环设计完成后，本节设计具有高精度、快响应特性的速度环调节器。可由电流环的开环传递函数（式（5-4））推导得出闭环传递函数：

$$W_C(s) = \frac{\dfrac{K}{s(T_1 s + 1)}}{1 + \dfrac{K}{s(T_1 s + 1)}} = \frac{1}{\dfrac{T_1}{K} s^2 + \dfrac{1}{K} s + 1} \tag{5-5}$$

因转速环具有较低的截止频率，故可将电流环传递函数降阶近似为

$$W_C(s) \approx \frac{1}{\frac{1}{K}s+1} = \frac{1}{2T_1s+1} \tag{5-6}$$

从式（5-6）看出，此时电流环简化为一阶惯性环节，时间常数是 $2T_1$。本伺服系统将速度环校正成典型 II 系统，则速度环控制结构框图如图 5-5 所示。图中，n 表示转速输出（反馈转速）；i_{dl} 表示负载电流。

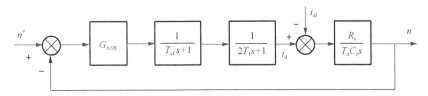

图 5-5　速度环控制结构框图

依照前面对内环电流环惯性环节的处理方法对速度环进行简化，把滤波环节和电流闭环按小惯性环节合并，合并后的时间常数为 $T_n = T_{cf} + 2T_1$，如图 5-5 所示，速度调节器控制对象的传递函数可推出为

$$G_o(s) = \frac{R_s}{T_mC_es(T_ns+1)} = \frac{K_c}{s(T_ns+1)} \tag{5-7}$$

式中，$K_c = \dfrac{R_s}{T_mC_e}$。

速度环调节器也选用 PI 调节器，其传递函数为

$$G_{ASR}(s) = K_n\frac{\tau_ns+1}{\tau_ns} \tag{5-8}$$

由式（5-7）和式（5-8）可得速度调节器控制对象的传递函数为

$$G_{no}(s) = G_{ASR}(s) \cdot G_o(s) = \frac{K_cK_n(\tau_n+1)}{\tau_ns^2(T_ns+1)} = \frac{K_N(\tau_ns+1)}{s^2(T_ns+1)} \tag{5-9}$$

式中，$K_N = K_cK_n/\tau_s$，为开环增益。

把速度环设计成典型 II 系统，参数可得

$$\tau_n = hT_n \tag{5-10}$$

$$K_N = \frac{h+1}{2h^2T_n^2} \tag{5-11}$$

则由式（5-8）可得

$$K_{\mathrm{n}} = \frac{(1+h)C_{\mathrm{e}}T_{\mathrm{m}}}{2hRT_{\mathrm{n}}} \qquad (5\text{-}12)$$

按照典型 II 系统最优参数关系选择 $h=5$。将 $h=5$ 代入式（5-11）和式（5-12）就可以求得 τ_{n} 和 K_{n} 的数值，所有的参数都设计好后，速度控制器的设计就完成了。

5.1.3 位置环调节器的设计

位置环是高速并联机器人实现轨迹精确跟踪最重要的环节，根据轨迹跟踪要求，位置环应该实现无超调、无抖振、精确定位。由于典型 I 系统系统超调量较小，故将位置环的传递函数简化为典型 I 系统。

由于位置环带宽比速度环要小很多，因此将速度闭环的传递函数简化为一阶惯性环节，即

$$G_{\mathrm{n}}^{\mathrm{c}}(s) = \frac{1}{\tau_{\mathrm{s}}s+1} \qquad (5\text{-}13)$$

式中，$\tau_{\mathrm{s}} = \dfrac{1}{\omega_{\mathrm{s}}} = \dfrac{2h\tau_{\Sigma n}}{h+1}$，$\tau_{\mathrm{s}}$ 表示复频域下系统时间常数。

速度环的传递函数如下：

$$\frac{n}{n^*} = \frac{G_{\mathrm{n}}^{\mathrm{c}}(s)}{K_{\mathrm{nf}}} = \frac{1/K_{\mathrm{nf}}}{\tau_{\mathrm{s}}s+1} \qquad (5\text{-}14)$$

从式（5-14）中看出，此时速度环简化为一阶惯性环节，则 P 比例调节的位置环控制框图如图 5-6 所示。

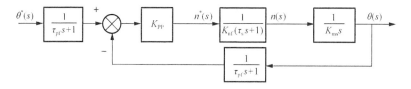

图 5-6　采用 P 比例调节的位置环控制框图

图 5-6 中，K_{PP} 为位置环比例增益；K_{nf} 为额定速度增益；K_{ms} 为码盘采样增益；τ_{pf} 为采样延迟时间。对图 5-6 进行简化可得图 5-7。

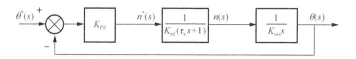

图 5-7　简化后的位置环控制框图

由图 5-7 可知，位置环闭环传递函数可表达为

$$\frac{\theta_s}{\theta_s^*}=\frac{K_{pp}\dfrac{1}{K_{nf}\left(\tau_s s+1\right)}\dfrac{1}{K_{ms}s}}{1+K_{pp}\dfrac{1}{K_{nf}\left(\tau_s s+1\right)}\dfrac{1}{K_{ms}s}} \tag{5-15}$$

由式（5-15）可以看出，位置环传递函数不为 1，存在一定的静态误差。为消除这一误差，设计在位置环中加入前馈补偿函数，加入前馈补偿函数后的位置环控制框图如图 5-8 所示。

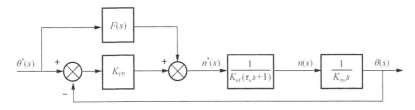

图 5-8　前馈位置环控制框图

由图 5-8 可知，只需调节好位置控制器的比例系数 K_{PP}，再设计合适的前馈控制器，就可以实现伺服系统的最佳控制。

5.2　仿　真　设　计

5.2.1　PI 调节器的 Simulink 模型

本书伺服系统的速度环、电流环均采用 PI 调节器进行无静差调节，通过设置不同参数，可调节电流环、速度环的超调量和时间。分离式 PI 调节器仿真模型如图 5-9 所示。

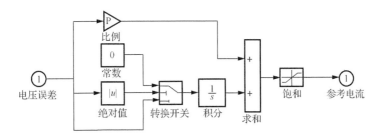

图 5-9　分离式 PI 调节器仿真模型

5.2.2　空间电压矢量脉宽调制算法实现及 Simulink 仿真

空间电压矢量脉宽调制控制技术用于实现伺服系统由电网进线交流电压转化成直流电压，再由直流电压转换成可控的正弦交流电压。通过逆变器中的六个全控型器件绝缘栅双极晶体管（insulated gate bipolar transistor，IGBT），组合为八个模式，即 $U_0(000)$、$U_1(001)$、$U_2(010)$、$U_3(011)$、$U_4(100)$、$U_5(101)$、$U_6(110)$、$U_7(111)$，其中两个为零矢量，即可实现直流电压 U_{DC} 向正弦电压 U_A、U_B、U_C 的逆变。如图 5-10 所示，分析电压矢量与相电压、线电压的对应关系可以得出这些相电压矢量和相位角，就可得到八个电压矢量的空间分布矢量图。由电压矢量的 α、β 轴分量，判断合成电压矢量所在的扇区；由图 5-10 可知，空间分布矢量图共有六个扇区，SVPWM 技术应用的前提是已知合成电压矢量落于哪个扇区，采用各扇区与电压矢量的关系来确定扇区。图 5-10 中各扇区与电压矢量分量 U_α、U_β 的关系如表 5-1 所示。

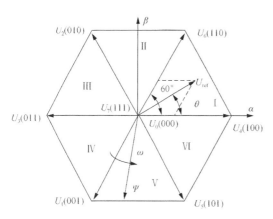

图 5-10　八个电压矢量的空间分布矢量图

表 5-1　各扇区与电压矢量分量的关系表

条件	结果
$U_\beta > 0$	$A=1$ 否则 $A=0$
$\sqrt{3}U_\alpha - U_\beta > 0$	$B=1$ 否则 $B=0$
$-\sqrt{3}U_\alpha - U_\beta > 0$	$C=1$ 否则 $C=0$

依据表 5-1 中的三个二进制编码 A、B、C，可计算十进制扇区编号 N 为 $N=A+2B+4C$。扇区与 N 的对应关系如表 5-2 所示。

表 5-2　扇区与 N 值对应关系表

扇区	N
I	3
II	1
III	5
IV	4
V	6
VI	2

扇区判断模块如图 5-11 所示。

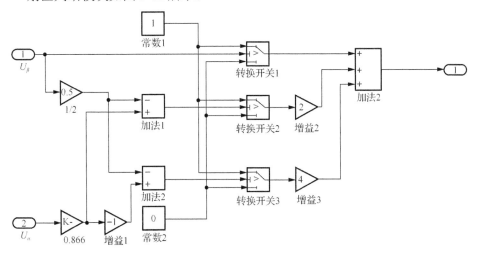

图 5-11　参考电压矢量所处扇区判断模块

相邻工作电压矢量的作用时间 T_X、T_Y，是由扇区内的电压矢量大小和空间相位决定的。合成的参考矢量作用在某个扇区之后，其矢量作用时间取值为 X、Y、Z（T 为脉冲周期），定义如式（5-16）所示。X、Y、Z 计算模块图如图 5-12 所示。

$$\begin{cases} X = \sqrt{3}U_\beta T / U_{\mathrm{DC}} \\ Y = (3U_\alpha + \sqrt{3}U_\beta)T / 2U_{\mathrm{DC}} \\ Z = (-3U_\alpha + \sqrt{3}U_\beta)T / 2U_{\mathrm{DC}} \end{cases} \tag{5-16}$$

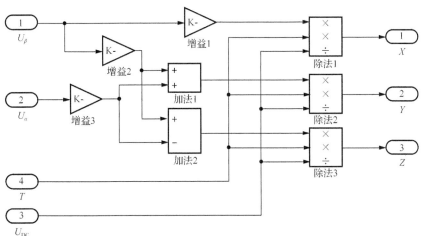

图 5-12　X、Y、Z 计算模块图

通过图 5-12 得出的 X、Y、Z 值对基本空间矢量作用时间 T_1、T_2 进行赋值，整理成表格如表 5-3 所示。

表 5-3　扇区与矢量作用时间关系表

N	T_1	T_2
1	Z	Y
2	Y	X
3	$-Z$	X
4	X	Z
5	$-X$	$-Y$
6	$-Y$	$-Z$

对该关系表进行饱和判断，原值保持不变的条件是扇区与矢量的作用关系满足 $T_1 + T_2 \leqslant T$，如果条件不满足 $T_1 + T_2 \leqslant T$，则需要按照下式进行改进：

$$\begin{cases} T_1 = T_1 \cdot T / (T_1 + T_2) \\ T_2 = T_2 \cdot T / (T_1 + T_2) \end{cases} \tag{5-17}$$

在 Simulink 中，如图 5-12 所示，首先搭建 X、Y、Z 三个中间变量的模块，然后查表 5-3 扇区与矢量作用时间，再配合时间饱和处理式（式（5-17）），得到图 5-13 的不同扇区的 T_1、T_2 时间计算模块。

通过计算得出的工作电压矢量、零电压矢量的作用时间，计算逆变器各开关管的导通时间。得到导通时间 T_1、T_2 后，令 $T_a = \dfrac{T_0}{4} = \dfrac{T_x - T_1 - T_2}{4}$，$T_b = T_a + \dfrac{T_1}{2}$，$T_c = T_b + \dfrac{T_2}{2}$，做以上假设后，则逆变器功率器件开关作用的时间 T_{cm1}、T_{cm2}、T_{cm3} 与各个扇区之间的对应关系如表 5-4 所示。

表 5-4　不同扇区导通时间表

N	T_{cm1}	T_{cm2}	T_{cm3}
1	T_b	T_a	T_c
2	T_a	T_c	T_b
3	T_a	T_b	T_c
4	T_c	T_b	T_a
5	T_c	T_a	T_b
6	T_b	T_c	T_a

通过开关导通时间与扇区的对应关系表，在三相逆变电路的驱动下，可以实现任意角度任意幅值的电压空间矢量的输出，T_{cm1}、T_{cm2}、T_{cm3} 导通时间计算模块如图 5-14 所示。

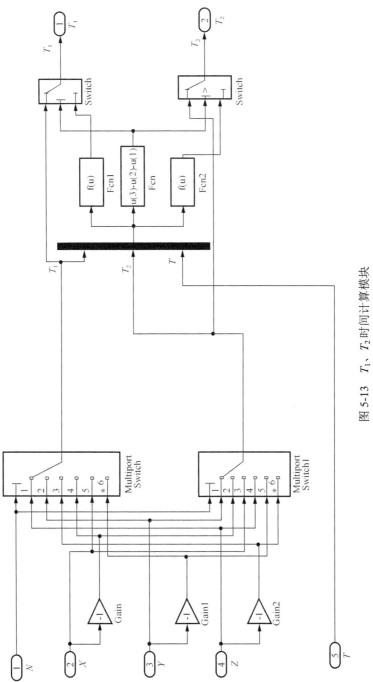

图 5-13　T_1、T_2 时间计算模块

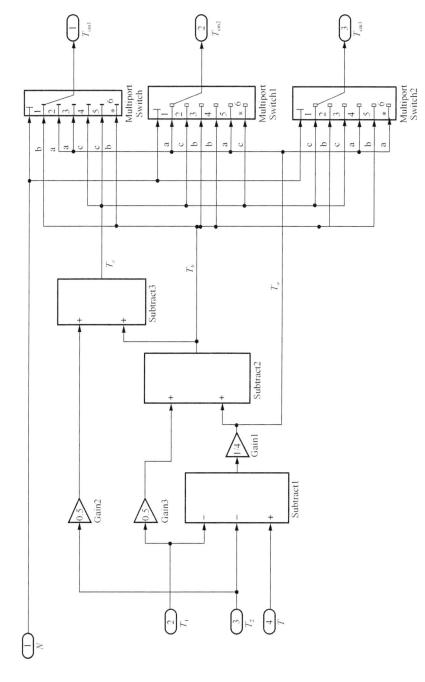

图 5-14　T_{cm1}、T_{cm2}、T_{cm3} 导通时间计算模块

5.3　系统仿真与结果分析

根据系统结构及 SVPWM 工作方式建立的各模块，可以建立 PMSM 伺服系统仿真模型，如图 5-15 所示。伺服控制系统所用的 PMSM 的参数设定如表 5-5 所示。

表 5-5　伺服仿真系统设置参数

序号	名称	数值	单位
1	定子电阻 R_s	1.74	Ω
2	直轴的电感 L_d	0.004	H
3	交轴的电感 L_q	0.004	H
4	励磁磁通 ψ_f	0.1167	Wb
5	转动惯量 J	0.000174	kg·m^2
6	极对数 P	4	—
7	直流母线电压	310	V
8	PWM 载波调制周期	1	μs

脉冲宽度调制（pulse width modulation，PWM）波形的生成具体如图 5-16 所示。

在图 5-15 中给定转速 $n = 2000\text{r}/\text{min}$，待系统运行到 0.05s 时，通过开关在负载端加入 6N·m 的负载。为使伺服系统工作于正转与反转，只需参照表 5-1，改变空间电压矢量的扇区逻辑图。图 5-17 为仿真伺服以逆时针方向沿磁链圆轨迹运动的扇区信号 N 值的波形图。调制波在导通时间 T_{cm1}、T_{cm2}、T_{cm3} 的波形如图 5-18 所示，其幅值小于 $T_s/2$，与 SVPWM 算法相符合。

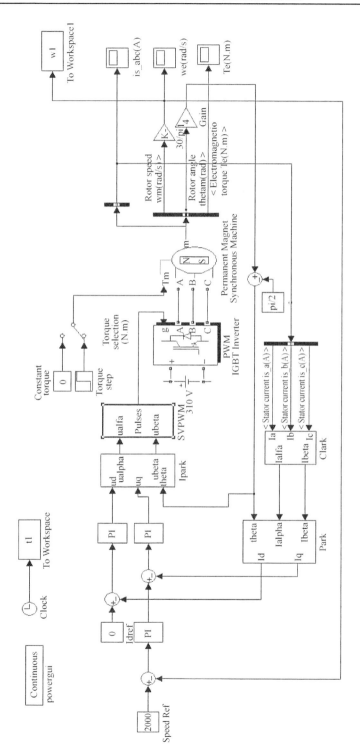

图 5-15　PMSM 伺服系统仿真模型

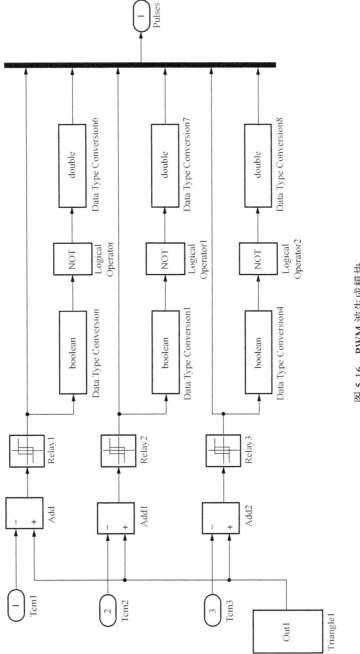

图 5-16　PWM 波生成模块

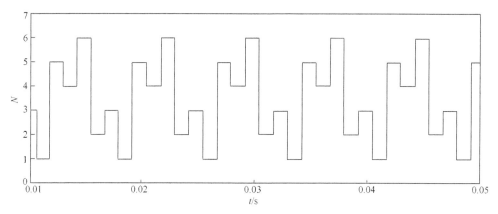

图 5-17　扇区波形

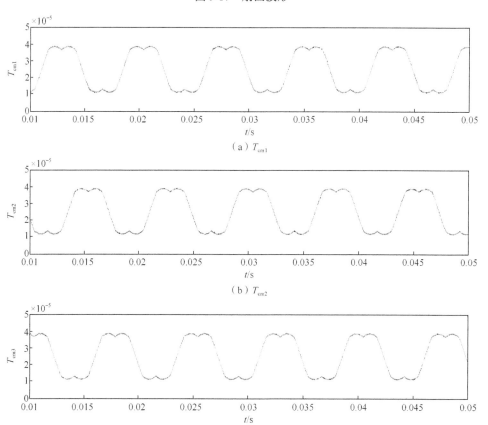

（a）T_{cm1}

（b）T_{cm2}

（c）T_{cm3}

图 5-18　调制波波形

永磁同步电动机矢量控制系统的转速如图 5-19 所示，转速上升很快，在 0.003s

时进入调节，0.01s 进入稳定，0.05s 在负载加入后转速虽略有减小，但很快进入稳定。由图 5-20 可知，电流环响应非常快，0.01s 进入稳定，0.05s 负载加入时，调节时间约 0.005s 后很快进入稳定。图 5-21 中电流环在给定初始阶段超调量很大，但在速度环速度建立后电流值很快进入稳定，电流值基本为零，0.05s 后，随着负载的增加，电流环略有调节，很快进入稳定，三相电流均衡。图 5-22 中为电动机的转矩输出图，由图可知，电动机启动的起始阶段，电动机输出了一个较大的力度，保障电动机启动，电动机达到给定速度后，力矩输出与所带负载有关，在 0.05s 后，由于负载的增加，电动机的输出也立刻跟随，在很短的时间内稍有振荡，很快进入稳定输出。

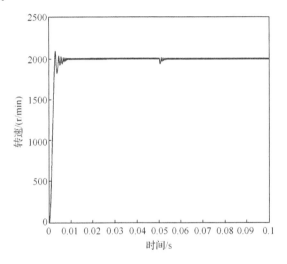

图 5-19　转速响应

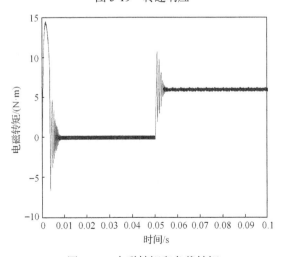

图 5-20　电磁转矩和负载转矩

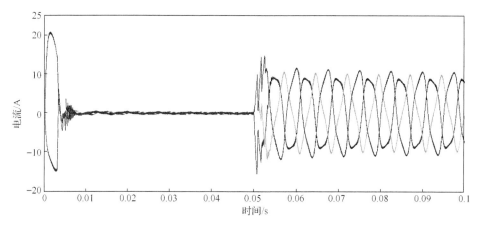

图 5-21 ABC 三相电流波形

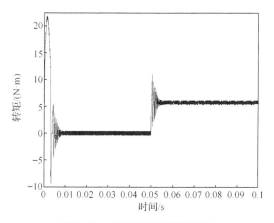

图 5-22 电动机的转矩输出图

综合图 5-19～图 5-22 可知，本书设计的电流环、速度环达到设计要求。图 5-23 验证了位置环的跟随效果，输入给定波形后，伺服输出很快跟随，跟随波形与给定波形幅值、相角一致，仅在开始阶段有一个很短时间的误差，完全达到位置环设计要求。综合以上波形，可见以上伺服系统的性能是可行的，控制方案是正确的。

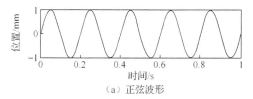

（a）正弦波形

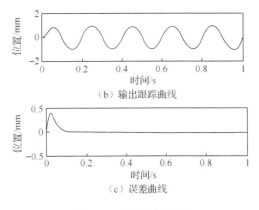

（b）输出跟踪曲线

（c）误差曲线

图 5-23　位置跟踪波形

5.4　本 章 小 结

PMSM 数学模型具有非线性、强耦合的特点，高速并联机器人伺服系统须无超调、调节快速、抗扰能力强。本章对电流环传递函数进行分析，将其设计成典型 I 系统；对速度环传递函数进行分析，将其设计成典型 II 系统；对位置环传递函数进行分析，将其设计成典型 I 系统；在仿真环境下，建立了 SVPWM 模型、伺服系统以及各种检测回路。仿真结果表明，本章设计模型是正确的，该系统减小了超调量，抗扰能力强。

第6章 样机系统实验验证

本章设计了 Delta 并联机器人的实验样机。样机设计包括硬件部分设计及软件部分设计。样机硬件部分包括伺服电动机、伺服驱动系统、减速机、机械机构、机器人控制系统、视觉信息采集系统、主控制器等。样机软件部分包括机器人正运动学求解、逆运动学求解、轨迹规划、动力学控制、伺服系统软件等。

6.1 样机硬件部分设计

Delta 并联机器人三维图如图 6-1 所示，图中机器人基座长 1500mm、宽1500mm、高 1945mm。机器人控制系统构成框图如图 6-2 所示。控制系统由视觉信息采集系统（摄像头和工业计算机）、机器人控制器、伺服部分组成。

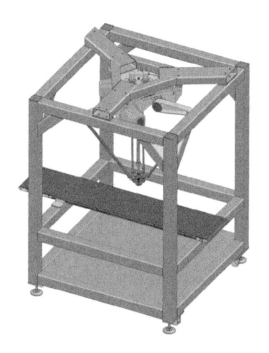

图 6-1　Delta 并联机器人三维图

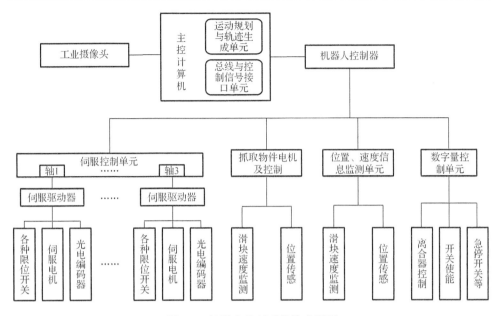

图 6-2　机器人控制系统构成框图

6.1.1　伺服系统硬件设计

伺服系统硬件包括数字信号处理（digital signal processing，DSP）控制板、智能功率模块（intelligent power module，IPM）功率板、检测部分、高速光耦隔离部分，如图 6-3 所示。

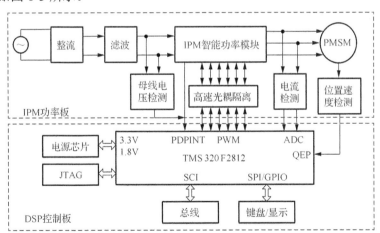

JTAG 为联合测试工作组（joint test action group）；PDPINT 为功率驱动保护中断；QEP 为正交编码脉冲；GPIO 为通用输入/输出；SPI 为串行外设接口

图 6-3　伺服系统硬件总体框图

（1）DSP 控制板。

DSP 控制板为系统的控制单元，硬件电路部分主要由 DSP 最小系统及键盘/显示电路等组成。控制板的主要功能是完成对电动机电流控制器、速度控制器、位置控制器的控制，最终产生 SVPWM 驱动信号等功能；通过 ADC 采集电动机电流、直流母线电压；通过 DSP 的事件管理器中的正交编码脉冲电路引脚实现速度与位置检测。

（2）IPM 功率板。

IPM 功率板由限流起动电路、二极管整流滤波电路、IPM 功率模块及光电隔离等几部分组成。

（3）检测部分。

检测部分包括：永磁同步伺服电动机的相电流检测、直流母线电压检测、电动机转子的位置和速度检测。电动机电流的检测是为了实现电流闭环控制，直流母线电压的检测是为了电压空间矢量调制的需要，而电动机转子位置和速度的检测是为了实现位置闭环和速度闭环控制，并予以显示。

为确保系统安全可靠运行，必须设计完善的故障保护电路。根据保证系统正常工作的不同要求，本系统设计的硬件保护电路主要包括限流起动电路、过流保护电路、过压保护电路。

6.1.2　机器人控制器设计

Delta 并联机器人控制器总体框图如图 6-4 所示。机器人控制器从主控计算机接受轨迹指令，采用线性自抗扰控制器对三个给定输入和对应的三个输出进行解耦，分别由伺服驱动 1、伺服驱动 2 和伺服驱动 3 实现三个关节给定轨迹的快速跟踪，并完成物件的拾放。

6.1.3　视觉信息采集系统设计

本书采用 200 万像素的机器视觉信息采集系统，8mm 镜头，检测距离约 1000mm，检测范围 900mm×800mm，选用 570mm 长条形光源。机器视觉系统是功能完善的一体式图像采集处理系统，它具有图像采集、处理、网络连接、视频输出显示、通信及工业 I/O 控制功能，能快速、简便地构成在线机器视觉检测系统，如图 6-5 所示。

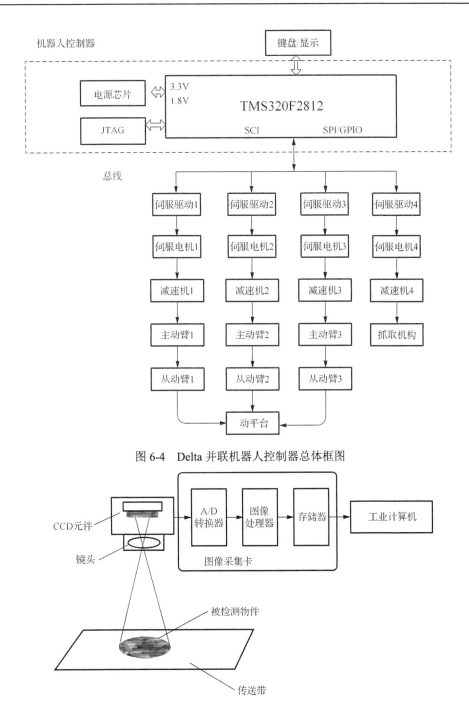

图 6-4　Delta 并联机器人控制器总体框图

图 6-5　在线机器视觉检测系统

6.1.4　机械机构设计

本书采用 Solidworks 绘制了 Delta 并联机器人部分图纸，如图 6-6 所示。图 6-7 为 Delta 并联机器人总装图。

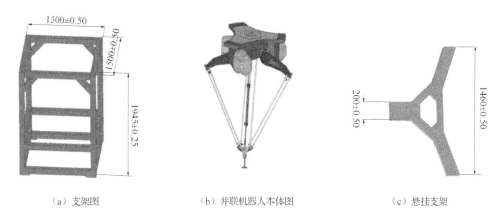

（a）支架图　　　　　　　　（b）并联机器人本体图　　　　　　　（c）悬挂支架

图 6-6　Delta 并联机器人部分图纸（单位：mm）

图 6-7　Delta 并联机器人总装图

6.1.5　主控制器设计

主控制器负责整体控制，其采用 6 代酷睿 CPU 工业计算机。标准配置 I5-6500，为建模提供高效的计算能力；标准配置 4 个通用串行总线（universal serial bus，USB）3.0，能够为高精密相机提供足够通道，可匹配更多的采集单元；标准配置双千兆网口加无线模块，便于环境搭建；标准配置 2/6 串口，确保多种外设的部署；低功耗时采用无风扇被动散热，高性能时则采用服务器级静音风扇以保证设备散热的稳定性。主控制器首先通过视觉采集确定抓取位置和放置位置，接着进行正运动学求解、逆运动学求解、轨迹规划、轨迹生成，并将其传递到机器人控制器等实现相关功能。

6.2　样机软件部分设计

主控制器在获取工作指令后，视觉数据采集随即启动，对物件的抓取点及放置点坐标予以采集，同时运行轨迹规划程序，规划出三个关节的角位移运行仿真曲线、角速度仿真曲线。接着与机器人控制器进行通信，将角位移曲线、角速度曲线、角加速度曲线予以传递，并接收机器人控制器的实时数据。主控制器会实时显示机器人的各类数据，包括角位移、角速度、角加速度、状态等。整个系统的工作流程如图 6-8 所示。

6.2.1　主控制器工作流程

主控制器完成机器人视觉数据采集、运动参数设定、正运动学求解、逆运动学求解、轨迹规划、轨迹生成、数据存储及数据通信等。首先，主控制器通过人机接口设置机器人参数并发出机器人启动命令。接着，视觉采集开始工作，采集物体的抓取点及放置点坐标，此时采用逆运动学求解方法，提取机器人三维空间位移数据。再接着，采用 4-3-3-4 轨迹规划方法，规划出三个关节的角位移运行仿真曲线，为提高工作效率，采用粒子寻优方法，使运行时间最短，从而规划出角速度、角加速度仿真曲线。最后，主控制器与机器人控制器通信，传递角位移运行仿真曲线、角速度仿真曲线、角加速度仿真曲线，并接收机器人实时数据，实时显示机器人各种数据，如角位移、角速度、角加速度及其他各种实时状态等（图 6-9）。

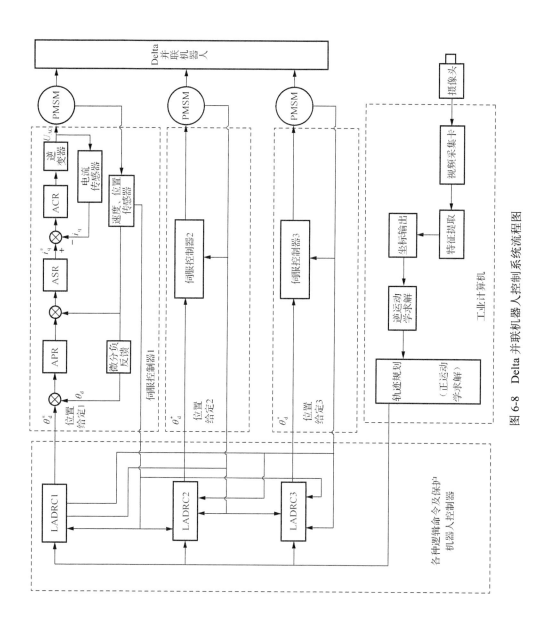

图 6-8 Delta 并联机器人控制系统流程图

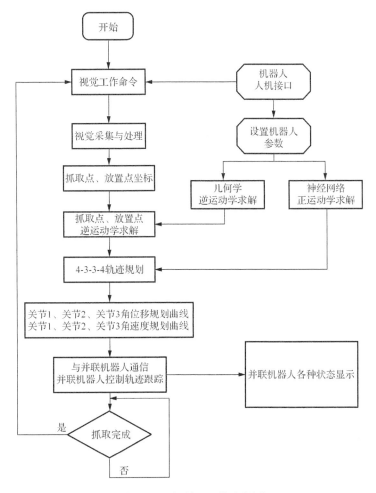

图 6-9　主控制器工作流程图

6.2.2　机器人控制器工作流程

机器人控制器主要完成线性自抗扰控制算法实现、数据通信、数据采集等工作。首先，机器人与工业计算机通信，启动命令，并获得角位移运行仿真曲线、角速度仿真曲线、角加速度仿真曲线的规划曲线。然后，机器人从伺服系统采集三个关节位置、速度。接着，机器人控制器采用 LADRC 算法分别对三个关节进行解耦，控制三个关节按照给定角位移运行仿真曲线、角速度仿真曲线进行运动，同时向工业计算机发送实时数据。再接着，当机器人运动平台到达抓取位置时，启动抓取电动机（伺服系统 4），进行抓取，抓取完成时，向工业计算机发送命令。最后，工业计算机再发送运动轨迹，机器人再把物体放到指定位置。整个生产过程循环实现，如图 6-10 所示。

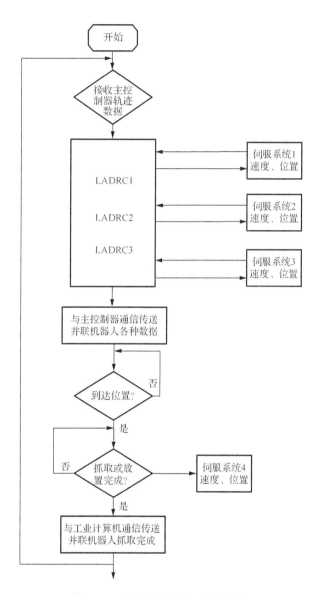

图 6-10　机器人控制器工作流程图

6.2.3　伺服系统工作流程

　　系统初始化主要包括 DSP 配置寄存器的初始化设定、对 GPIO 端口的配置设定、PMSM 的初始值设定等，图 6-11 为主程序流程图。

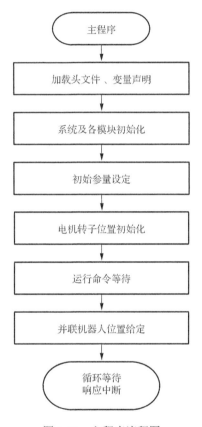

图 6-11　主程序流程图

　　伺服系统的核心控制部分是 TMS320 里定时器 T1 下溢中断处理子程序，其作用是完成伺服系统的位置环、速度环和电流环的实时控制。需对 PMSM 的相电流、转速和位置进行实时监测。T1 下溢中断子程序的流程图如图 6-12 所示。

　　速度位置传感器由光电编码器检测，光电编码器的零序脉冲 Z 相与 DSP 的 CAP3 捕捉单元相连，每次零位脉冲产生时可引起 CAP3 捕捉中断，图 6-13 为其流程图。

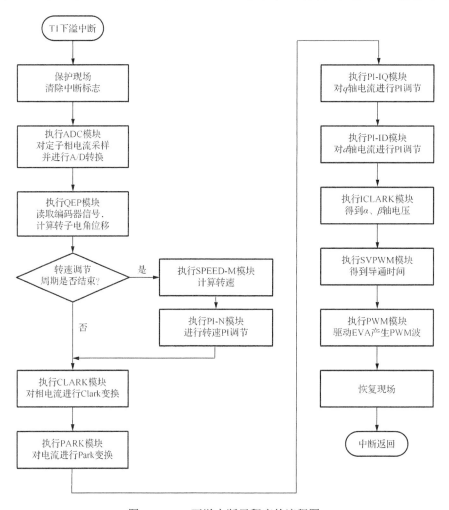

图 6-12 T1 下溢中断子程序的流程图

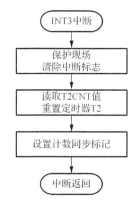

图 6-13 CAP3 捕捉中断子程序流程图

6.3　实验验证与分析

图 6-14 为本节采用的实验样机，本节在此样机上完成门字形轨迹规划及轨迹跟踪实验。

图 6-14　Delta 并联机器人测试样机

6.3.1　视觉信号采集

为准确识别目标在 Delta 并联机器人坐标中的位置，需进行坐标转换，如图 6-15 所示。首先，由视觉采集部分识别目标位置的坐标，需采集 9 个目标点；得到目标后，进行坐标变化，实现图像采集坐标系与 Delta 并联机器人坐标系的转换，为抓取点和放置点的坐标获取做好准备。

图 6-15　Delta 并联机器人视觉特征提取及坐标校正

6.3.2　实验目的及实验方案

1. 实验目的

（1）验证 4-3-3-4 轨迹规划方法。

（2）验证高速运行时 PID 控制的轨迹跟踪波形和线性自抗扰控制策略的轨迹跟踪波形。

2. 实验方案

实验采用笛卡儿坐标系下的空间坐标起始点 h_0（-400，-300，750）和终止点 h_3(200，200，750)，设置规划时间为 0.3s，采用 4-3-3-4 轨迹规划方式运行，增加三个关键点（-400，-300，800）、（-100，-50，-850）、（200，200，800）。运行命令给到主控制器后，主控制器规划出角位移运行仿真曲线、角速度仿真曲线，传送至机器人控制器，机器人控制器分别通过 PID 控制算法和线性自抗扰控制算法控制三个关节的伺服电动机，并实时采集三个关节的角位移，在主控制器上显示和存储。如图 6-16 所示，主控制器实时采集三个关节的角度，并绘制角位移曲线。

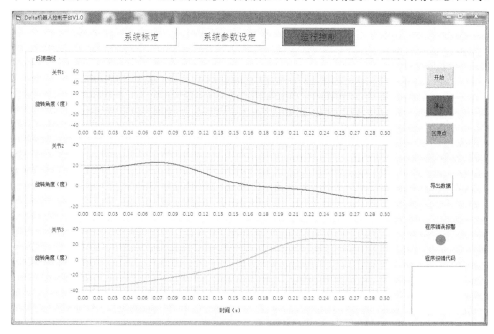

图 6-16　Delta 并联机器人三个关节轨迹实际运行波形

6.3.3　数据分析

1. PID 控制的跟踪波形

采用 PID 控制方法，采集的关节角位移与给定的角位移汇制波形如图 6-17 所示。

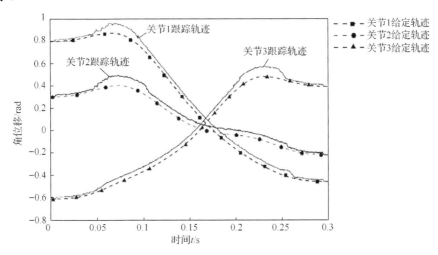

图 6-17　PID 控制轨迹跟踪图

由图 6-17 可知，把实际运行轨迹导出的数据与理论分析的数据对比，图中虚线为给定角位移波形，实线为实际跟踪波形。由图可知，由抓取点至关键点时，跟踪误差较小；由上升段至搬运段时，关节 1、关节 2 的运动方向突变，造成关节跟踪角度误差较大，关节 3 的影响不大；在搬运段，关节 1、关节 2、关节 3 的跟踪误差较小；在搬运段至下降段时，关节 3 由于电动机的运行方向突变，影响较大，关节 1、关节 2 的影响较小。由数据可知，采用 PID 控制方式，跟踪误差的最大绝对值为 0.0872rad。

2. 线性自抗扰控制策略的跟踪波形

采用线性自抗扰控制策略，采集的轨迹数据绘制波形如图 6-18 所示。

图 6-18 中把实际运行轨迹导出的数据与理论分析的数据对比，虚线为给定角位移波形，实线为实际跟踪波形。由图可知，由抓取点至关键点时，跟踪误差很小；由上升段至搬运段时，关节 1、关节 2 的电动机旋转方向突变，造成关节跟踪角度略有误差，关节 3 的影响不大；在搬运段，关节 1、关节 2、关节 3 的跟踪误差较小；在搬运段至下降段时，关节 3 由于电动机的运行方向突变，影响较大，关节 1、关节 2 的影响较小。由数据可知，采用线性自抗扰控制策略控制方式，

跟踪误差的最大绝对值为 0.00182rad，通过正运动学求解，轨迹跟踪的误差为 ±2mm。线性自抗扰控制策略下的跟踪轨迹和理论轨迹如图 6-19 所示。

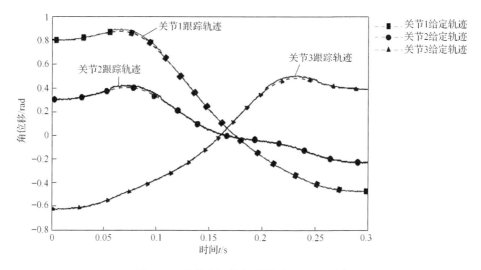

图 6-18　线性自抗扰控制策略轨迹跟踪图

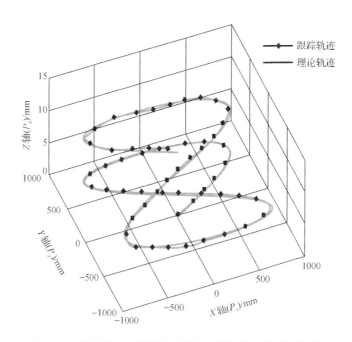

图 6-19　理论轨迹与线性自抗扰控制策略控制轨迹对比图

通过两种控制方式的实际运行对比，可知在 Delta 并联机器人高速运行状态下，线性自抗扰控制策略能够很好地实现高速度、高精度轨迹跟踪运行。

6.4 本 章 小 结

本章通过 Delta 并联机器人实验平台验证了轨迹规划和轨迹跟踪方法；构建了伺服系统的硬件、机器人控制系统、视觉信息采集系统，设计了机械机构及机器人控制系统；通过实验平台验证了线性自抗扰控制策略能够很好地实现三个关节的动态跟踪。

参 考 文 献

艾青林, 祖顺江, 胥芳, 2012. 并联机构运动学与奇异性研究进展[J]. 浙江大学学报(工学版), 46(8): 1345-1359.

毕可义, 2006. 新型三平移并联机器人机构的控制研究[D]. 镇江: 江苏大学.

蔡光起, 杨斌久, 罗继曼, 等, 2006. 少自由度并联机器人的研究现状[J]. 机床与液压, 34(5): 202-205.

蔡自兴, 2009. 机器人学基础[M]. 北京: 机械工业出版社.

陈学生, 陈在礼, 孔民秀, 2002. 并联机器人研究的进展与现状[J]. 机器人, 24(5): 464-470.

陈增强, 程赟, 孙明玮, 等, 2017. 线性自抗扰控制理论及工程应用的若干进展[J]. 信息与控制, 46(3): 257-266.

丛爽, 尚伟伟, 2010. 并联机器人: 建模、控制优化与应用[M]. 北京: 电子工业出版社.

段晓斌, 项忠霞, 罗振军, 等, 2018. 高速并联机械手抓放轨迹规划方法[J]. 机械设计, 35(8): 7-12.

樊雍超, 李跃松, 于群, 等, 2015. 基于 ADAMS 和 MATLAB 的 Stewart 并联机器人模糊自适应 PID 控制仿真[J]. 仪器与设备, 3(3): 63-71.

付荣, 居鹤华, 2011a. 基于 AGA 的时间最优机械臂轨迹规划算法[J]. 计算机应用研究, 28(9): 3275-3278.

付荣, 居鹤华, 2011b. 基于粒子群优化的时间最优机械臂轨迹规划算法[J]. 信息与控制, 40(6): 802-808.

高国琴, 丁琴琴, 王威, 2012. RBF 神经网络滑模变结构控制在并联机器人中的应用[J]. 工业仪表与自动化装置(2): 35-39.

高国琴, 方志明, 牛雪梅, 等, 2004. 新型三平移并联机器人机构的光滑滑模控制研究[J]. 组合机床与自动化加工技术(11): 81-83.

顾寄南, 刘守, 2019. 三自由度解耦并联机器人设计与轨迹规划[J]. 机械设计与制造(11): 224-227.

郭彤颖, 刘雍, 王海忱, 等, 2019. 粒子群算法在机械手臂 B 样条曲线轨迹规划中的应用[J]. 组合机床与自动化加工技术(6): 71-73, 77.

郭晓彬, 2015. Delta 并联机器人运动规划与动力学控制[D]. 广州: 广东工业大学.

黄海忠, 2013. DELTA 并联机器人结构参数优化与运动控制研究[D]. 哈尔滨: 哈尔滨工业大学.

惠记庄, 杨永奎, 2016. 二自由度冗余驱动并联机器人非线性动态控制方法研究[J]. 机械工程与技术, 5(2): 150-164.

金辉宇, 刘丽丽, 兰维瑶, 2018. 二阶系统线性自抗扰控制的稳定性条件[J]. 自动化学报, 44(9): 1725-1728.

居鹤华, 付荣, 2012. 基于 GA 的时间最优机械臂轨迹规划算法[J]. 控制工程, 19(3): 472-477.

李海生, 朱学峰, 2004. 自抗扰控制器参数整定与优化方法研究[J]. 控制工程, 11(5): 419-423.

李家宇, 孟庆梅, 邓嘉鸣, 等, 2019. 一种非完全对称新型 Delta-CU 并联机构的动力学分析[J]. 常州大学学报(自然科学版), 31(5): 77-86.

李俊, 舒志兵, 王苏洲, 2017. 基于样条函数和改进遗传算法的机器人轨迹规划[J]. 制造技术与机床(7): 91-95.

李鹏威, 2019. 先进控制理论在冷轧平整机控制系统中的应用研究[D]. 北京: 北京科技大学.

李占贤, 2004. 高速轻型并联机械手关键技术及样机建造[D]. 天津: 天津大学.

连朝阳, 张京军, 史丽红, 等, 2011. 基于模糊控制的三自由度并联机器人的联合仿真[J]. 机床与液压, 39(9): 122-125.

刘丁, 刘晓丽, 杨延西, 2006. 基于 AGA 的 ADRC 及其应用研究[J]. 系统仿真学报, 18(7): 1909-1911.

刘金琨, 2011. 先进 PID 控制 MATLAB 仿真(第 3 版)[M]. 北京: 电子工业出版社.

刘小娟, 2017. 一种空间三平移并联机构的运动学性能与仿真研究[D]. 太原: 中北大学.

柳成, 2009. 基于 DSP 的嵌入式交流永磁同步电动机伺服控制系统的研究[D]. 长春: 东北师范大学.

梅江平, 孙玉德, 贺莹, 等, 2018. 基于能耗最优的 4 自由度并联机器人轨迹优化[J]. 机械设计, 35(7): 14-22.

梅江平, 臧家炜, 乔正宇, 等, 2016. 三自由度 Delta 并联机械手轨迹规划方法[J]. 机械工程学报, 52(19): 9-17.

倪雁冰, 董娜, 尘恒, 2014. 一种全回转并联机械手轨迹规划研究[J]. 机械设计, 31(4): 31-37.

宁学涛, 潘玉田, 杨亚威, 等, 2015. 基于运动学和动力学的关节空间轨迹规划[J]. 计算机仿真, 32(2): 409-413.

宁珍珍, 高国琴, 董超君, 2008. 并联机器人动态滑模轨迹跟踪控制研究[J]. 机械设计与制造(11): 173-175.

史永刚, 侯朝桢, 苏海滨, 2008. 基于粒子群优化算法的自抗扰控制器设计[J]. 系统仿真学报, 20(2): 433-436.

苏婷婷, 张好剑, 王云宽, 等, 2018. 基于 pH 曲线的 Delta 机器人轨迹规划方法[J]. 机器人, 40(1): 46-55.

孙雷, 张丽爽, 周璐, 等, 2018. 一种基于 Bezier 曲线的移动机器人轨迹规划新方法[J]. 系统仿真学报, 30(3): 962-968.

唐建业, 张建军, 王晓慧, 等, 2017. 一种改进的机器人轨迹规划方法[J]. 机械设计, 34(3): 31-35.

田涛, 2013. 一种高速拾取并联机器人的设计与实现[D]. 大连: 大连理工大学.

王皓, 陈根良, 2008. 基于 Schiehlen 方法的 Delta 型并联机构动力学正问题分析[C]//中国机构与机器科学国际会议暨海峡两岸第四届机构学研讨会论文集: 185-188.

王娜, 2019. 三自由度 Delta 并联机器人轨迹规划及控制[D]. 青岛: 青岛大学.

王有起, 黄田, 2008. Delta 机构控制器参数整定方法研究[J]. 机械设计与制造(8): 20-22.

吴公平, 黄守道, 饶志蒙, 等, 2019. 新型 N^*3 相永磁同步电机的特性分析及其预测控制[J]. 中国电机工程学报, 39(4): 1171-1181.

解则晓, 商大伟, 任凭, 2015. 基于 Lamé 曲线的 Delta 并联机器人拾放操作轨迹的优化与试验验证[J]. 机械工程学报, 51(1): 52-59.

杨永刚, 2008. 6-PRRS 并联机器人关键技术的研究[D]. 哈尔滨: 哈尔滨工业大学.

姚俊, 马松辉, 2002. MATLAB 工程应用丛书 simulink 建模与仿真[M]. 西安: 西安电子科技大学出版社.

殷国亮, 白瑞林, 王永佳, 等, 2015. 一种并联机器人的时间最优轨迹规划方法[J]. 计算机工程, 41(10): 192-198.

袁东, 马晓军, 曾庆含, 等, 2013. 二阶系统线性自抗扰控制器频带特性与参数配置研究[J]. 控制理论与应用, 30(12): 1630-1640.

袁曾任, 1999. 人工神经网络及其应用[M]. 北京: 清华大学出版社.

张好剑, 苏婷婷, 吴少泓, 等, 2017. 基于改进遗传算法的并联机器人分拣路径优化[J]. 华南理工大学学报(自然科学版), 45(10): 93-99.

张利敏, 2008. 一种三平动高度并联机械手设计方法研究[D]. 天津: 天津大学.

张谦, 2007. 自抗扰控制器优化设计及其应用[D]. 西安: 西安理工大学.

张荣, 2002. 基于串联型扩张状态观测器的参数辨识[J]. 系统仿真学报, 14(6): 793-795.

张续冲, 张瑞秋, 陈亮, 等, 2019. Delta 机器人产品分拣轨迹规划仿真[J]. 计算机仿真, 36(11): 295-299, 364.

张勇, 张宪民, 胡俊峰, 等, 2010. 高速并联机械手最优时间轨迹规划及实现[J]. 机电工程技术, 39(10): 42-45, 108.

张兆靖, 2007. 自抗扰控制系统参数整定方的研究[D]. 无锡: 江南大学.

赵杰, 朱延河, 蔡鹤皋, 2003. Delta 型并联机器人运动学正解几何解法[J]. 哈尔滨工业大学学报, 35(1): 25-27.

周苑, 2012. 基于改进性遗传算法的 Bezier 曲线笛卡尔空间轨迹规划[J]. 上海电机学院学报, 15(4): 237-240.

Bouri M, Clavel R, 2010. The linear Delta: Developments and applications[C]//2010 41st International Symposium on and 2010 6th German Conference on Robotics(ROBOTIK): 1198-1205.

Brinker J, Funk N, Ingenlath P, et al., 2017. Comparative study of serial-parallel delta robots with full orientation capabilities[J]. IEEE Robotics and Automation Letters, 2(2): 920-926.

Brogardh T, 2006. Present and future robot control development-an industrial perspective[J]. Annual Reviews in Control, 31(1): 69-79.

Choi H B, Konno A, Uchiyama M, 2010. Design, implementation, and performance evaluation of a 4-DOF parallel robot[J]. Robotica, 28(1): 107-118.

Clavel R, 1991. Device for displacing and positioning an element in space. Europe: EP0250470 B1[P]. 1988-01-07.

Du L, Lu X Y, Yu M, et al., 2018. Experimental investigation on fuzzy pid control of dual axis turntable servo system[J]. Procedia Computer Science, 131: 531-540.

Gao Z Q, 2003. Scaling and bandwidth-parameterization based controller tuning[C]//Proceedings of the American Control Conference: 4989-4997.

Gasparetto A, Zanotto V, 2010. Optimal trajectory planning for industrial robots[J]. Advances in Engineering Software, 41(4): 548-556.

Gregorio R D, 2004. Determination of singularities in Delta-like manipulators[J]. International Journal of Robotics Research, 23(1): 89-96.

Huang Y C, Huang Z L, 2015. Neural network based dynamic trajectory tracking of Delta parallel robot[C]//International Conference on Mechatronics and Automation: 1938-1943.

Hung L C, Chung H Y, 2007. Decoupled sliding-mode with fuzzy-neural network controller for nonlinear systems[J]. International Journal of Approximate Reasoning, 46(1): 74-97.

Jaime G A, Albert L B, Eduardo C C, 2014. An application of screw theory to the kinematic analysis of a Delta-type robot[J]. Journal of Mechanical Science and Technology, 28(9): 3785-3792.

Jang S M, You D J, Jang W B, et al., 2006. Design and dynamic analysis of permanent magnet linear synchronous machine for servoapplication[J]. Journal of Applied Physics, 99(8): 0021-0079.

Kamnik R, Bajd T, 2004. Standing-up robot: An assistive rehabilitative device for training and assessment[J]. Journal of Medical Engineering & Technology, 28(2): 74-80.

Kelaiaia R, Company O, Zaatri A, 2012. Multiobjective optimization of a linear Delta parallel robot[J]. Mechanism & Machine Theory, 50(2): 159-178.

Kim H S, Tsai L W, 2003. Design optimization of a Cartesian parallel manipulator[J]. Journal of Mechanical Design, 125(1): 43-51.

Lee J H, Park K, You K H, et al., 2006. Kalman filter applications to laser interferometer measurements in position-servo systems[J]. Electronics Letters, 42(17): 65-66.

Lee K B, 2005. Disturbance observer that uses radial basis function networks for the low speed control of a servo motor[J]. Electric Power Applications, 152(2): 118-124.

Lin C L, Huang H T, 2002. Linear servo motor control using adaptive neural networks[J]. Systems and Control Engineering, 216(180): 407-427.

Lin C M, Mon Y J, 2005. Decoupling control by hierarchical fuzzy sliding-mode controller[J]. IEEE Transactions on Control Systems Technology, 13(4): 593-598.

Linda O, Manic M, 2011. Uncertainty-robust design of interval type-2 fuzzy logic controller for Delta parallel robot[J]. IEEE Transactions on Industrial Informatics, 7(4): 661-670.

Liu B Y, Hong J W, Wang L C, 2019. Linear inverted pendulum control based on improved ADRC[J]. Systems Science & Control Engineering An Open Access Journal, 7(3): 1-12.

Liu H S, Lai X B, Wu W X, 2013. Time-optimal and jerk-continuous trajectory planning for robot manipulators with kinematic constraints[J]. Robotics and Computer-Integrated Manufacturing, 29(2): 309-317.

Liu Y F, Liu H, Meng Y, 2018. Active disturbance rejection control for a multiple-flexible-link manipulator[J]. Journal of Harbin Institute of Technology, 25(1): 18-28.

Lu X G, Liu M, Liu J X, 2017. Design and optimization of interval type-2 fuzzy logic controller for Delta parallel robot trajectory control[J]. International Journal of Fuzzy Systems, 19(1): 190-206.

Medhaffar H, Derbel N, Damak T, 2006. A decoupled fuzzy indirect adaptive sliding mode controller with application to robot manipulator[J]. International Journal of Modelling Identification and Control, 1(1): 23-29.

Meng Q L, Li Y, 2013. A novel analytical model for flexure-based proportion compliant mechanisms[J]. IFAC Proceedings Volumes, 46(5): 612-619.

Merlet J P, 2006. Parallel robots[M]. Dordrecht, Netherlands: Springer Press.

Mesloub H, Benchouia M T, Boumaaraf R, et al., 2020. Design and implementation of DTC based on AFLC and PSO of a PMSM[J]. Mathematics and Computers in Simulation, 167: 340-355.

Milutinovic D, Slavkovic N, Kokotovic B, et al., 2012. Kinematic modeling of reconfigurable parallel robots based on Delta concept[J]. Journal of Production Engineering, 15(2): 71-74.

Mirza M A, Li S, Jin L, 2017. Simultaneous learning and control of parallel Stewart platforms with unknown parameters[J]. Neurocomputing, 266(29): 114-122.

Misyurin S Y, Kreinin G V, Markov A A, et al., 2016. Determination of the degree of mobility and solution of the direct kinematic problem for an analogue of a Delta robot[J]. Journal of Machinery Manufacture and Reliability, 45(5): 403-411.

Morell A, Tarokh M, Acosta L, 2013. Solving the forward kinematics problem in parallel robots using support vector regression[J]. Engineering Applications of Artificial Intelligence, 26(7): 1698-1706.

Nabat V, Rodriguez M D, Company O, et al., 2005. Part 4: Very high speed parallel robot for pick-and-place[C]//IEEE International Conference on Intelligent Robots and Systems. Piscataway, USA: IEEE: 553-558.

Orsino R M M, Coelho T A H, Pesce C P, 2015. Analytical mechanics approaches in the dynamic modelling of Delta mechanism[J]. Robotica, 33(4): 953-973.

Pierrot F, Marquet F, Gil T, 2001. H4 parallel robot: Modeling, design and preliminary experiments[C]//IEEE International Conference on Robotics and Automation. Piscataway: 3256-3261.

Pierrot F, Nabat V, Company O, et al., 2009. Optimal design of a 4-DOF parallel manipulator: From academia to industry[J]. IEEE Transactions on Robotics, 25(2): 213-224.

Pisla D, Pisla A, 2004. The relationships between the shape of the workspace and geometrical dimensions of parallel manipulators[J]. Proceedings in Applied Mathematics and Mechanics, 4(1): 167-168.

Rachedi M, Bouri M, Hemici B, 2012. Application of an H∞ control strategy to the parallel Delta[C]//Communications, Computing and Control Applications (CCCA), 2nd International Conference on.

Rachedi M, Bouri M, Hemici B, 2014a. H∞ feedback control for parallel mechanism and application to Delta robot[C]//22nd Mediterranean Conference on Control and Automation (MED)University of Palermo. Palermo, Italy: IEEE, 1476-1481.

Rachedi M, Hemici B, Bouri M, 2014b. Application of the mixed sensitivity problem H∞ and H2 to the parallel Delta[C]//International Conference on Systems & Control. IEEE: 101-109.

Romdhane L, 1999. Design and analysis of a hybrid serial-parallel manipulator[J]. Mechanism and Machine Theory, 34(7): 1037-1055.

Romdhane L, Affi Z, Fayet M, 2002. Design and singularity analysis of a 3-translational-DOF in-parallel manipulator[J]. Journal of Mechanical Design, 124(3): 419-427.

Simon H, 2004. 神经网络原理[M]. 叶世伟, 史忠植, 译. 北京: 机械工业出版社.

Su T T, Cheng L, Wang Y K, et al., 2018. Time-optimal trajectory planning for Delta robot based on quintic pythagorean-hodograph curves[J]. IEEE Access, 6: 28530-28539.

Su Y X, Sun D, Ren L, et al., 2006. Integration of saturated PI synchronous control and PD feedback for control of parallel manipulators[J]. IEEE Transactions on Robotics, 22(1): 202-207.

Thakar U, Joshi V, Yawahare V V, 2017. Fractional-order PI controller design for PMSM: A model-based comparative study[C]//International Conference on Automatic Control & Dynamic Optimization Techniques.

Vivas A, Poignet P, 2005. Predictive functional control of a parallel robot[J]. Control Engineering Practice, 13(7): 863-874.

Vol N, 2005. Servosystem deftly handles airbus wings[J]. Machine Design, 77(5): 82-83.

Wang M M, Luo J J, Walter U, 2015. Trajectory planning of free-floating space robot using particle swarm optimization (PSO)[J]. Acta Astronautica, 112: 77-88.

Wu T Z, Wang J D, Juang Y T, 2007. Decoupled integral variable structure control for MIMO systems[J]. Journal of The Franklin Institute, 344(7): 1006-1020.

Wu Y, Yang Z, Fu Z, et al., 2017. Kinematics and dynamics analysis of a novel five-degrees-of-freedom hybrid robot[J]. International Journal of Advanced Robotic Systems, 14(8): 1-8.

Xu Q S, Li Y M, 2007. A 3-PRS parallel manipulator control based on neural network[C]//The 4th International Symposium on Neural Networks. Berlin, Germany: Springer: 757-766.

Zhang J J, Shi L H, Gao R Z, et al., 2009. The mathematical model and direct kinematics solution analysis of Delta parallel robot[C]//IEEE International Conference on Computer Science and Information Technology. Piscataway, USA: IEEE, 450-454.

Zhang X G, Zhang L, Zhang Y C, 2018. Model predictive current control for PMSM drives with parameter robustness improvement[J]. IEEE Transactions on Power Electronics, 34(2): 1645-1657.

Zhang Z S, Wang C C, Zhou M L, et al., 2019. Flux-weakening in PMSM drives: Analysis of voltage angle control and the single current controller design[J]. Emerging and Selected Topics in Power Electronics, 7(1): 437-445.

Zhao Q, Wang P F, Mei J P, 2015. Controller parameter tuning of Delta robot based on servo identification[J]. Chinese Journal of Mechanical Engineering, 28(2): 267-275.

Zhao Y J, Yang Z Y, Huang T, 2005. Inverse dynamics of Delta robot based on the principle of virtual work[J]. Transactions of Tianjin University, 11(4): 268-273.

Zheng K J, Wang C, 2014. Force/position hybrid control of 6PUS-UPU redundant driven parallel manipulator based on 2-DOF internal model control[M]. London: Hindawi Publishing Corp.

附录　相关程序代码

附录为 3.3.3 节中关于 4-3-3-4 方法多项式插值的 MATLAB 程序代码。

```
*************************************************************
********************************************/
%* 实现 4 个点：Q0 = [-400, -300, 750];
%            Q1[-400, -300, 850];
%            Q2[-100, -50, 850];
%            Q3[200, 200, 800];
%            Q4[200, 200, 750];
*************************************************************
********************************************/
clear all
close all
clc
clf
 signj0 = [-400, -300, 750];% 设定的坐标，曲线上显示坐标用
 signj1 = [-400, -300, 800];
 signj2 = [-100, -50, 850];
 signj3 = [200, 200, 800];
 signj4 = [200, 200, 750];
 t1=0.5;
 t2=0.5;
 t3=0.5;
 t4=0.5;
 %为了画 3 段曲线需要把第二段，第三段曲线平移
shift1=t1;
shift2=t1+t2;
shift3=t1+t2+t3;
fprintf(2, ' t1, t2, t3, t4 组合最为一个拾取过程的总时间...')
t_total=t1+t2+t3+t4
fprintf(2, '矩阵 A 初始化...')
A=zeros(18, 18)%定义一个并初始化 18*18 0 的矩阵
fprintf(2, '根据 t1, t2, t3 计算并赋值给 A 矩阵...')
A(1, 1)=t1*t1*t1*t1; %对应项赋值
A(1, 2)=t1*t1*t1;
A(1, 3)=t1*t1;
```

```
A(1，4)=t1;
A(1，5)=1;
A(1，9)=-1;
A(2，1)=4*t1*t1*t1;
A(2，2)=3*t1*t1;
A(2，3)=2*t1;
A(2，4)=1;
A(2，8)=-1;
A(3，1)=12*t1*t1;
A(3，2)=6*t1;
A(3，3)=2;
A(3，7)=-2;
A(4，6)=t2*t2*t2;
A(4，7)=t2*t2;
A(4，8)=t2;
A(4，9)=1;
A(4，13)=-1;
A(5，6)=3*t2*t2;
A(5，7)=2*t2;
A(5，8)=1;
A(5，12)=-1;
A(6，6)=6*t2;
A(6，7)=2;
A(6，11)=-2;
A(7，10)=t3*t3*t3;
A(7，11)=t3*t3;
A(7，12)=t3;
A(7，13)=1;
A(7，18)=-1;
A(8，10)=3*t3*t3;
A(8，11)=2*t3;
A(8，12)=1;
A(8，17)=-1;
A(9，10)=6*t3;
A(9，11)=2;
A(9，16)=-2;
A(10，14)=t4*t4*t4*t4;
A(10，15)=t4*t4*t4;
A(10，16)=t4*t4;
A(10，17)=t4;
A(10，18)=1;
A(11，14)=4*t4*t4*t4;
```

```
A(11, 15)=3*t4*t4;
A(11, 16)=2*t4;
A(11, 17)=1;
A(12, 14)=12*t4*t4;
A(12, 15)=6*t4;
A(12, 16)=2;
A(13, 5)=1;
A(14, 4)=1;
A(15, 3)=1;
A(16, 18)=1;
A(17, 13)=1;
A(18, 9)=1;
A=A
fprintf(2, '根据角度赋值给矩阵b...')
%定义b矩阵
pi=3.14;
j=1;%可以假设j的值
%beitaj0(53.35, 28.64, -18.62), beitaj1(45.79, 17.36, -35.15),
beitaj2(12.66, 2.99, -5.12), beitaj3(-26.5, -12.75, 22.34), beitaj4(-9.39,
2.64, 32.1)单位: 度
conv=pi/180;
beitaj0 = conv.*[45.79, 17.36, -35.15];
beitaj1 = conv.*[49.48, 23.06, -26.6];
beitaj2 = conv.*[12.66, 2.99, -5.12];
beitaj3 = conv.*[-17.48, -4.79, 27.27];
beitaj4 = conv.*[-26.5, -12.75, 22.34];
for j=1:3
b(j, 1:18)=[0 0 0 0 0 0 0 0 beitaj4(j) 0 0 beitaj0(j) 0 0 beitaj3(j)
beitaj2(j) beitaj1(j)]
end
fprintf(2, '矩阵b转秩...')
b=b' %转秩
fprintf(2, '初始化1*18的矩阵a...')
%转秩
%定义a矩阵
a=zeros(3, 18)' %转秩
fprintf(2, '根据公式a=inv(A)*b计算矩阵a...\n')
a=inv(A)*b
fprintf(2, '矩阵a转秩...')
a=a' %转秩
for j=1:3
```

```
        aj14(j)=a(j, 1);
        aj13(j)=a(j, 2);
        aj12(j)=a(j, 3);
        aj11(j)=a(j, 4);
        aj10(j)=a(j, 5);
        aj23(j)=a(j, 6);
        aj22(j)=a(j, 7);
        aj21(j)=a(j, 8);
        aj20(j)=a(j, 9);
        aj33(j)=a(j, 10);
        aj32(j)=a(j, 11);
        aj31(j)=a(j, 12);
        aj30(j)=a(j, 13);
        aj44(j)=a(j, 14);
        aj43(j)=a(j, 15);
        aj42(j)=a(j, 16);
        aj41(j)=a(j, 17);
        aj40(j)=a(j, 18);
    end
    ajxx={'aj14=a(1)';'aj13=a(2)';'aj12=a(3)';'aj11=a(4)';'aj10=a(5
)';'aj23=a(6)';'aj22=a(7)';'aj21=a(8)';'aj20=a(9)';'aj33=a(10)'; ...
    %
    'aj32=a(11)';'aj31=a(12)';'aj30=a(13)';'aj44=a(14)';'aj43=
a(15)';'aj42=a(16)';'aj41=a(17)';'aj40=a(18)';}'
    fprintf(2,'计算曲线系数 ajxx 分别为：\n')
    for j=1:3
    fprintf('taj14=%g\taj13=%g\taj12=%g\taj11=%g\taj10=%g\taj23=%g\
taj22=%g\t\naj21=%g\taj20=%g\taj34=%g\taj33=%g\taj32=%g\taj31=%g\taj
30=%g\taj44=%g\taj43=%g\taj42=%g\taj41=%g\taj40=%g\n\n\n', ...
        aj14(j), aj13(j), aj12(j), aj11(j), aj10(j), aj23(j), aj22(j),
aj21(j), aj20(j), aj33(j), aj32(j), aj31(j), aj30(j), aj44(j), aj43(j),
aj42(j), aj41(j), aj40(j));
    end
    t1=0:0.01:0.5;
    t2=0:0.01:0.5;
    t3=0:0.01:0.5;
    t4=0:0.01:0.5;
    for j=1:3
    thetaj1(j, :) =aj14(j).*t1.^4 + aj13(j).*t1.^3 + aj12(j).*t1.^2 +
aj11(j).*t1 + aj10(j);
    thetaj2(j, :) =aj23(j).*t2.^3 + aj22(j).*t2.^2 + aj21(j).*t2 +
aj20(j);
```

```
    thetaj3(j, :) =aj33(j).*t3.^3 + aj32(j).*t3.^2 + aj31(j).*t3 +
aj30(j);
    thetaj4(j, :) =aj44(j).*t4.^4 + aj43(j).*t4.^3 + aj42(j).*t4.^2 +
aj41(j).*t4 + aj40(j);
    end
    fprintf(2, '3-5-3 多项式 画图...\n');
    fprintf(2, '3 个关节角位移...\n');
    figure(1)
    % subplot(3, 1, 1)
    %位置
```

%第一种画法

```
    h1=plot(t1, thetaj1(1, :), 'r', t2+shift1, thetaj2(1, :), 'r',
t3+shift2,thetaj3(1,:), 'r', t4+shift3, thetaj4(1, :), 'r', 'LineWidth',
2);%画关节 1 角位移，三个线段首尾相连构成整个关节角位移，t2+1, t3+2 是 t2, t3 相
对 t 的时间差，这样才能把三段曲线首位画出来
    hold on
    h2=plot(t4+shift3, thetaj4(1, :), 'r', 'LineWidth', 2);%为显示整个
曲线图例
    hold on

    h3= plot(t1, thetaj1(2, :), 'b', t2+shift1, thetaj2(2, :), 'b',
t3+shift2,thetaj3(2, :), 'b', t4+shift3, thetaj4(2, :), 'b', 'LineWidth',
2);%画关节 2 角位移

    hold on
    h4=plot(t4+shift3, thetaj4(2, :), 'b', 'LineWidth', 2); %为显示整个
曲线图例
    hold on
    h5=plot(t1, thetaj1(3, :), 'g', t2+shift1, thetaj2(3, :), 'g',
t3+shift2,thetaj3(3,:), 'g', t4+shift3, thetaj4(3, :), 'g', 'LineWidth',
2);%画关节 3 角位移

    hold on
    h6=plot(t4+shift3, thetaj4(3, :), 'g', 'LineWidth', 2);%为显示整个
曲线图例
    hold on
    % legend([h2 h4 h6 ], '关节 1', '关节 2', '关节 3')
    legend([h2 h4 h6 ], 'Joint 1', 'Joint 2', 'Joint 3');
    grid on
    xlabel('t(s)');
    ylabel('Angular displacement(rad)');
```

```
fprintf(2, '3 个关节角速度...\n');
% %速度

for j=1:3
   vj1(j, :) = 4*aj14(j).*t1.^3 + 3*aj13(j).*t1.^2 + 2*aj12(j).*t1 +
aj11(j);
   vj2(j, :) = 3*aj23(j).*t2.^2 + 2*aj22(j).*t2 + aj21(j);
   vj3(j, :) = 3*aj33(j).*t3.^2 + 2*aj32(j).*t3 + aj31(j);
   vj4(j, :) = 4*aj44(j).*t4.^3 + 3*aj43(j).*t4.^2 + 2*aj42(j).*t4 +
aj41(j);
end

figure(2)
% subplot(3, 1, 2)

   h1=plot(t1, vj1(1, :), 'r', t2+shift1, vj2(1, :), 'r', t3+shift2,
vj3(1, :), 'r', t4+shift3, vj4(1, :), 'r', 'LineWidth', 2);%画关节 1 角速
度，三个线段首位相连构成整个关节角速度
   hold on
   h2=plot(t4+shift3, vj4(1, :), 'r', 'LineWidth', 2);%为显示整个曲线图例
   hold on

   h3= plot(t1, vj1(2, :), 'b', t2+shift1, vj2(2, :), 'b', t3+shift2,
vj3(2, :), 'b', t4+shift3, vj4(2, :), 'b', 'LineWidth', 2);%画关节 2 角速度
   hold on
   h4=plot(t4+shift3, vj4(2, :), 'b', 'LineWidth', 2);%为显示整个曲线图例
   hold on
   h5=plot(t1, vj1(3, :), 'g', t2+shift1, vj2(3, :), 'g', t3+shift2,
vj3(3, :), 'g', t4+shift3, vj4(3, :), 'g', 'LineWidth', 2);%画关节 3 角速度
   hold on
   h6=plot(t4+shift3, vj4(3, :), 'g', 'LineWidth', 2);%为显示整个曲线图例
   hold on
   % legend([h2 h4 h6 ], '关节 1', '关节 2', '关节 3')
   legend([h2 h4 h6 ], 'Joint 1', 'Joint 2', 'Joint 3');
   grid on
   xlabel('t(s)');
   ylabel('Velocity(rad/s)');
   fprintf(2, '3 个关节角加速度...\n');
   % %加速度
   for j=1:3
   aj1(j, :) = 12*aj14(j).*t1.^2+ 6*aj13(j).*t1 + 2*aj12(j);
```

```matlab
    aj2(j, :) = 6*aj23(j).*t2 + 2*aj22(j);
    aj3(j, :) = 6*aj33(j).*t3 + 2*aj32(j);
    aj4(j, :) = 12*aj44(j).*t1.^2+ 6*aj43(j).*t1 + 2*aj42(j);
    end
    figure(3)
    % subplot(3, 1, 3)
    h1=plot(t1, aj1(1, :), 'r', t2+shift1, aj2(1, :), 'r', t3+shift2,
aj3(1, :), 'r', t4+shift3, aj4(1, :), 'r', 'LineWidth', 2); %画关节 1 角
速度，三个线段首尾相连构成整个关节角速度
    hold on
    h2=plot(t4+shift3, aj4(1, :), 'r', 'LineWidth', 2);%为显示整个曲线图例
    hold on
    h3= plot(t1, aj1(2, :), 'b', t2+shift1, aj2(2, :), 'b', t3+shift2,
aj3(2, :), 'b', t4+shift3, aj4(2, :), 'b', 'LineWidth', 2);%画关节 2 角速度
    hold on
    h4=plot(t4+shift3, aj4(2, :), 'b', 'LineWidth', 2);　%为显示整个曲线
图例
    hold on
    h5=plot(t1, aj1(3, :), 'g', t2+shift1, aj2(3, :), 'g', t3+shift2,
aj3(3, :), 'g', t4+shift3, aj4(3, :), 'g', 'LineWidth', 2);%画关节 3 角速度
    hold on
    h6=plot(t4+shift3, aj4(3, :), 'g', 'LineWidth', 2);%为显示整个曲线图例
    hold on
    % legend([h2 h4 h6 ], '关节1', '关节2', '关节3')
    legend([h2 h4 h6 ], 'Joint 1', 'Joint 2', 'Joint 3');
    grid on
    xlabel('t(s)');
    ylabel('Acceleration(rad/s^2)');
    %%加加速度
    fprintf(2, '3个关节角加家速度...\n');
    %%加速度
    for j=1:3
    aaj1(j, :) = 24*aj14(j).*t1 + 6*aj13(j);
    aaj2(j, :) = 6*aj23(j);
    aaj3(j, :) = 6*aj33(j);
    aaj4(j, :) = 24*aj44(j).*t1 + 6*aj43(j);
    end
    figure(4)
    % subplot(3, 1, 4)
    h1=plot(t1, aaj1(1, :), 'r', t2+shift1, aaj2(1, :), 'r', t3+shift2,
aaj3(1, :), 'r', t4+shift3, aaj4(1, :), 'r', 'LineWidth', 2);%画关节 1 角
速度，三个线段首尾相连构成整个关节角速度
```

```
hold on
h2=plot(t4+shift3, aaj4(1, :), 'r', 'LineWidth', 2);%为显示整个曲线图例
hold on
h3=plot(t1, aaj1(2, :), 'b', t2+shift1, aaj2(2, :), 'b', t3+shift2,
aaj3(2, :), 'b', t4+shift3, aaj4(2, :), 'b', 'LineWidth', 2);%画关节 2 角速度
hold on
h4=plot(t4+shift3, aaj4(2, :), 'b', 'LineWidth', 2);%为显示整个曲线图例
hold on
h5=plot(t1, aaj1(3, :), 'g', t2+shift1, aaj2(3, :), 'g', t3+shift2,
aaj3(3, :), 'g', t4+shift3, aaj4(3, :), 'g', 'LineWidth', 2);%画关节 3 角速度
hold on
h6=plot(t4+shift3, aaj4(3, :), 'g', 'LineWidth', 2);%为显示整个曲线图例
hold on
% legend([h2 h4 h6 ], '关节 1', '关节 2', '关节 3')
% legend([h2 h4 h6 ], 'Joint 1', 'Joint 2', 'Joint 3');
grid on
xlabel('t(s)');
ylabel('Jerk(rad/s^3)');
```